Michael Sachs

Wahrscheinlichkeitsrechnung und Statistik

Mathematik - Studienhilfen

Herausgegeben von
Prof. Dr. Bernd Engelmann
Hochschule für Technik, Wirtschaft und Kultur Leipzig,
Fachbereich Informatik, Mathematik und Naturwissenschaften

Zu dieser Buchreihe

Die Reihe Mathematik-Studienhilfen richtet sich vor allem an Studierende technischer und wirtschaftswissenschaftlicher Fachrichtungen an Hochschulen und Universitäten.
Die mathematische Theorie und die daraus resultierenden Methoden werden korrekt aber knapp dargestellt. Breiten Raum nehmen ausführlich durchgerechnete Beispiele ein, welche die Anwendung der Methoden demonstrieren und zur Übung zumindest teilweise selbständig bearbeitet werden sollten.
In der Reihe werden neben mehreren Bänden zu den mathematischen Grundlagen auch verschiedene Einzelgebiete behandelt, die je nach Studienrichtung ausgewählt werden können. Die Bände der Reihe können vorlesungsbegleitend oder zum Selbststudium eingesetzt werden.

Bisher erschienen:

Dobner/Engelmann, *Analysis 1*
Dobner/Engelmann, *Analysis 2*
Dobner/Dobner, *Gewöhnliche Differenzialgleichungen*
Gramlich, *Lineare Algebra*
Gramlich, *Anwendungen der Linearen Algebra*
Knorrenschild, *Numerische Mathematik*
Knorrenschild, *Vorkurs Mathematik*
Martin, *Finanzmathematik*
Nitschke, *Geometrie*
Preuß, *Funktionaltransformationen*
Sachs, *Wahrscheinlichkeitsrechnung und Statistik*
Stingl, *Operations Research – Linearoptimierung*
Tittmann, *Graphentheorie*

Wahrscheinlichkeitsrechnung und Statistik

für Ingenieurstudierende an Hochschulen

von Prof. Dr. Michael Sachs

5. Auflage

mit 35 Bildern, 93 Beispielen und 71 Aufgaben

Fachbuchverlag Leipzig
im Carl Hanser Verlag

Autor
Prof. Dr. Michael Sachs
Hochschule München
Fakultät für angewandte Naturwissenschaften und Mechatronik
www.hm.edu/fk06

Bibliografische Information Der Deutschen Nationalbibliothek:
Die Deutsche Nationalbibliothek verzeichnet diese Publikation in der Deutschen Nationalbibliografie; detaillierte bibliografische Daten sind im Internet über http://dnb.ddb.d-nb.de abrufbar.

ISBN 978-3-446-45163-6
E-Book-ISBN 978-3-446-45620-4

MIX
Papier aus verantwortungsvollen Quellen
FSC® C014889

Fachbuchverlag Leipzig im Carl Hanser Verlag

www.hanser-fachbuch.de
Lektorat: Natalia Silakova-Herzberg
Herstellung: Katrin Wulst
Satz: Michael Sachs, München
Druck und Binden: Friedrich Pustet, Regensburg
Printed in Germany

Vorwort

„Wozu brauchen wir das alles?"

So lautet eine häufig gestellte Frage von Studierenden, besonders an Hochschulen für angewandte Wissenschaften, wo immer der Aspekt der Anwendung im Vordergrund steht. Der vorliegende Band aus der Reihe „Studienhilfen Mathematik" versucht, für den Bereich der Statistik eine befriedigende Antwort auf diese Frage zu geben. Er richtet sich an Studierende der Ingenieurwissenschaften im Grundstudium. In allen technischen Studiengängen machen Studierende bei der Durchführung von Versuchen die Erfahrung von zufälligen Einflüssen. Die Erforschung von deren Gesetzen ist Gegenstand der **Wahrscheinlichkeitsrechnung**, ihre Anwendung Gegenstand der **schließenden Statistik**. Am Anfang steht ein Kapitel über **beschreibende Statistik**, das vollkommen ohne den Wahrscheinlichkeitsbegriff auskommt. Als Voraussetzung für das Verständnis ist hier nicht mehr nötig als die Kenntnis der vier Grundrechenarten und des Wurzelziehens. Trotz der vergleichsweise einfachen mathematischen Methoden sind Grundkenntnisse aus der beschreibenden Statistik unverzichtbar. Viele Begriffe aus der schließenden Statistik sind leichter zu verstehen, wenn man ihr Analogon aus der beschreibenden Statistik kennt. Verhältniszahlen und Zeitreihen werden wegen der gebotenen Kürze nicht behandelt.

Es kommen keine schwierigen Beweise oder umfangreiche Theorien vor. Ingenieure dürfen sich hier getrost auf die gesicherten Ergebnisse der Mathematiker verlassen und sollen vielmehr die Aussagen verstehen und richtig einschätzen lernen, die hinter solchen Sätzen stehen, sowie die Methoden sinnvoll anwenden und ihre Ergebnisse korrekt interpretieren können. Aus der höheren Mathematik werden Kenntnisse der elementaren Funktionen einer reellen Veränderlichen und ihrer Ableitungen sowie des Riemannschen Integrals vorausgesetzt.

Jeder Abschnitt stellt in Lehrsätzen und gelösten Aufgaben die Hilfsmittel bereit, mit denen man die anschließenden Übungsaufgaben lösen kann. Die Ergebnisse der Aufgaben sind zur Kontrolle im Anhang angegeben.

Für die 5. Auflage wurden Druckfehler korrigiert, Zeichnungen verschönert und Beispiele sowie das Literaturverzeichnis aktualisiert. Ich danke allen Kolleginnen und Kollegen, insbesondere Herrn Olaf LOTTER und Frau Anja NOSER für die zahlreichen Hinweise sowie den Mitarbeiterinnen vom Fachbuchverlag Leipzig für die stets angenehme Zusammenarbeit.

München, im Februar 2018 Michael Sachs

Inhaltsverzeichnis

1 Wozu Statistik?

„Statistik infomiert. Alle.“

Mit diesen Worten beginnt eine Broschüre aus dem Jahr 1990, herausgegeben vom Bayerischen Landesamt für Statistik und Datenverarbeitung. Die dort getroffenen Aussagen gelten vorwiegend für den wirtschaftlichen und sozialen Bereich, lassen sich jedoch unschwer auch auf das Arbeitsumfeld des Ingenieurs übertragen. In einer sich rasch verändernden Welt, in der Massendaten anfallen und mit Computerhilfe auch schnell verarbeitet werden können, ist es wichtig

- zu wissen, welchen Zustand wir heute erreicht haben,
- mit gestern zu vergleichen,
- zukünftige Zustände abzuschätzen,
- Aussagen zu machen über die Auswirkungen getroffener Maßnahmen.

Diese Aufgaben müssen gelöst werden auf der Basis meist riesiger Datenmengen, die wegen ihres Umfanges keinem Entscheidungsträger unbearbeitet vorgelegt werden können. Aufgabe der **beschreibenden** oder **deskriptiven Statistik** (Kapitel 2) ist es daher, große und unübersichtliche Datenmengen so aufzubereiten, dass wenige aussagekräftige Kenngrößen und/oder Grafiken entstehen, mit denen dann die genannten Fragestellungen gelöst werden können. In diesen Kenngrößen ist dann die gesamte Datenmenge gewissermaßen „fokussiert“.

Beispiel 1.1

Eine Zeugnisnote in einem Diplomzeugnis errechnet sich aus sehr vielen Einzelnoten, die evtl. sogar mit unterschiedlicher Gewichtung in die Gesamtnote eingehen. Die beschreibende Statistik liefert die Formel, mit der man aus den Einzelnoten die Gesamtnote berechnet. ■

Die zur Berechnung der Kenngrößen zugrunde gelegte Datenmenge kann zwar sehr groß werden, ist aber prinzipiell immer endlich und spricht nur für sich selbst. Es werden also keinerlei weiterführende Rückschlüsse gezogen auf irgendwelche Einheiten, die nicht untersucht wurden. Bereits im 19. Jahrhundert hat man jedoch erkannt, dass sehr große statistische Massen, wie z. B. die Bevölkerung eines Landes, nicht mehr durch eine vollständige Erhebung zu erfassen sind. Der Aufwand hierfür wäre technisch und organisatorisch viel zu hoch. Während hier eine Totalerhebung zwar schwierig, aber prinzipiell immerhin noch möglich wäre, verhält es sich ganz anders, wenn man Aussagen treffen will z. B. über alle Teile, die eine bestimmte Maschine jemals produziert, oder gar über die Menge aller möglichen Würfe mit einem bestimmten Würfel. In beiden Fällen ist die Grundgesamtheit, also die Menge aller Teile bzw. aller Würfe, von vorneherein überhaupt nicht bekannt, sie liegt nicht so greifbar vor uns wie im Falle der Noten eines Faches.

In solchen Fällen muss man sich auf **Stichproben**, also Teilerhebungen beschränken. Die gesuchten Kenngrößen können dann nicht mehr exakt bestimmt, sondern nur noch geschätzt werden. Hier kommt aber der Begriff des **Zufalls** ins Spiel: Ziehen zwei Leute eine Stichprobe aus der gleichen Grundgesamtheit und berechnet jeder das arithmetische Mittel $\bar{x}$ seiner Stichprobe, so werden sie im Allgemeinen zu unterschiedlichen Ergebnissen kommen. Welche Elemente in die jeweilige Stichprobe gelangen, hängt nämlich von Faktoren ab, die der Stichprobenzieher nicht bestimmen kann.

Kapitel 4 ist daher der **schließenden Statistik** gewidmet, die Methoden entwickelt, um von einer Stichprobe auf die Gesamtheit schließen zu können.

Beispiel 1.2

Eine große Firma kauft 100 Personal Computer bei Händler A und 200 bei Händler B. Im Laufe des ersten Jahres gehen bei den A-Computern zwölf Netzteile kaputt, bei den B-Computern 16 Netzteile. Der Beitrag der beschreibenden Statistik ist hier eher gering: Sie gibt uns die Formel, um die Anteile p_A und p_B der Computer mit defektem Netzteil zu berechnen:

$$p_A = \frac{12}{100} = 12\,\% \quad \text{und} \quad p_B = \frac{16}{200} = 8\,\%.$$

A hat also schlechtere Qualität in Bezug auf das Merkmal „Lebensdauer des Netzteils" geliefert als B. Aber kann man daraus schließen, dass A **generell** einen höheren Ausschussanteil hervorbringt als B, oder könnte das schlechte Ergebnis für A auch einfach Zufall gewesen sein? Diese Frage kann nur die schließende Statistik beantworten. Wir werden auf dieses Beispiel im Abschnitt 4.3 zurückkommen. ■

Beispiel 1.3

Um eine Prognose über den Ausgang einer Wahl treffen zu können, werden 100 ausgewählte Personen befragt. 45 antworten, sie würden die A-Partei wählen. Die beschreibende Statistik kann dann nur sagen, dass 45 % der Befragten A-Anhänger sind. Die schließende Statistik dagegen versucht, ausgehend von diesem Ergebnis Aussagen über **al-**

le Wahlberechtigten zu machen (die berühmte Hochrechnung). Kann man ausgehend von der Stichprobe mit Umfang 100 schon sagen, dass Partei A unter allen Wahlberechtigten 45 % der Stimmen hat? Rein gefühlsmäßig erscheinen 100 als zu wenig, aber mit welcher Genauigkeit kennen wir den wahren Anteil der A-Wähler, wenn wir 1 000 oder gar 10 000 Personen befragen? Hängt die Anzahl der zu befragenden Personen von der Gesamtzahl der Wahlberechtigten ab oder nicht? Was heißt überhaupt in diesem Zusammenhang „Genauigkeit"? Dies sind Fragen, die die schließende Statistik präzisieren und beantworten muss. ■

Als Grundlage für die schließende Statistik müssen wir also zunächst den Begriff des Zufalls präzisieren. Hierfür steht eine mathematische Theorie zur Verfügung, die **Wahrscheinlichkeitsrechnung**. Ihre wichtigsten Erkenntnisse stehen in Kapitel 3.

Beschreibende und schließende Statistik werden auch zusammengefasst unter dem Begriff **statistische Methodenlehre**. Darüber hinaus wird der Begriff **Statistik** aber auch angewendet für die einzelne Tabelle, („die Arbeitslosenstatistik", „die Unfallstatistik"). Schließlich meint Statistik auch noch die praktische Tätigkeit des Registrierens und Auswertens von Daten, z. B. in dem Satz „Die amtliche Statistik in Bayern wird vom Landesamt für Statistik und Datenverarbeitung wahrgenommen".

Wir fassen zusammen:

Definition 1.1

Die statistische Methodenlehre ist eine Hilfswissenschaft. Ihre Aufgabe ist es, Methoden für die Erhebung, Aufbereitung, Analyse und Interpretation von Daten bereitzustellen mit dem Ziel, Strukturen in Massenerscheinungen zu erkennen.

2 Beschreibende Statistik

2.1 Grundbegriffe

Die **statistische Masse** besteht aus allen denjenigen Elementen, denen das Interesse des Statistikers gilt. Ihre einzelnen Mitglieder heißen **statistische Einheiten**, **statistische Elemente** oder **Merkmalsträger**. Vor jeder ernst zu nehmenden statistischen Tätigkeit muss die statistische Masse in räumlicher, zeitlicher und sachlicher Hinsicht präzise definiert werden.

Beispiel 2.1

Mögliche statistische Massen sind:

- Natürliche Personen (z. B. Studierende, Kunden, Mitarbeiter),
- Sachen (z. B. Maschinen, Produkte),
- Institutionen, Körperschaften (z. B. Betriebe, Städte, Länder),
- Ereignisse (z. B. Maschinenausfälle, Geburten, Todesfälle, Firmengründungen, Konkurse).

Eine korrekt beschriebene statistische Masse wäre etwa: „Alle Studierenden des Studienganges Bioingenieurwesen an der Hochschule München im WS 2017/2018". Räumliche Eingrenzung: Hochschule München. Zeitliche Eingrenzung: WS 2017/2018. Sachliche Eingrenzung: Studierende des Bioingenieurwesens. ■

An den statistischen Elementen interessieren uns bestimmte Eigenschaften oder **Merkmale**. Die Werte, die ein Merkmal annehmen kann, heißen **Merkmalsausprägungen**. Ein sinnvolles Merkmal muss mindestens zwei verschiedene Ausprägungen haben.

Beispiel 2.2

Eine Computerzeitschrift testet verschiedene Drucker. Die statistische Masse sind also die getesteten Drucker. Bei jedem Drucker interessieren den Leser folgende Merkmale:

- Hersteller (alle Herstellernamen),
- Bezeichnung des Gerätes (alle Bezeichnungen),
- Preis (0 € – 10 000 €),
- Gewicht (0 kg – 10 kg),

- Seitenzahl pro Minute (0 – 100 Seiten),
- Gesamturteil (sehr gut, gut, mittel, schlecht, sehr schlecht).

In Klammern stehen jeweils die möglichen Merkmalsausprägungen. ■

Bezüglich der Art ihrer Merkmalsausprägungen (Werte) lassen sich Merkmale wie folgt in Kategorien einteilen:

- Ein **qualitatives Merkmal** liegt vor, wenn die Werte keine physikalische Einheit brauchen. Man unterscheidet dabei **qualitativ-nominale** Merkmale von **qualitativ-ordinalen** Merkmalen: Bei einem nominalen Merkmal sind die Merkmalsausprägungen nur dem Namen nach unterscheidbar, sie drücken aber keinerlei Wertung oder Intensität aus. Bei einem ordinalen Merkmal[1] unterscheiden sich die Ausprägungen nicht nur hinsichtlich ihrer Namen, sondern können zusätzlich noch in eine (inhaltlich sinnvolle) Rangordnung gebracht werden.
- Ein **quantitatives Merkmal**[2] liegt vor, wenn die Nennung des Wertes allein noch keinen Sinn ergibt, weil die Einheit fehlt. Man unterscheidet hier zwischen **quantitativ-diskret** und **quantitativ-stetig**: Diskrete Merkmale haben Werte, die durch einen Zählprozess entstehen. Die Werte sind dann meist die natürlichen Zahlen 0, 1, 2, ..., die Einheit ist 1 oder bei größeren Anzahlen auch oft 1 000. Zwischen den einzelnen Ausprägungen können keine Werte angenommen werden. Stetige Merkmale dagegen werden durch Messung gewonnen und können (theoretisch, je nach Genauigkeit des Messgerätes) jeden Wert innerhalb eines sinnvollen Intervalls annehmen.

Beispiel 2.3

Im letzten Beispiel sind die Merkmale „Hersteller“, „Bezeichnung“ und „Gesamturteil“ qualitativ, denn ihre Werte benötigen keinerlei Einheit. „Gesamturteil“ ist darüber hinaus noch ordinal, denn die Werte können in eine Rangskala von „sehr gut“ bis „sehr schlecht“ geordnet werden. Die übrigen Merkmale sind quantitativ, „Preis“ und „Gewicht“ stetig, „Seitenzahl“ diskret. (Streng genommen ist „Preis“ ebenfalls ein diskretes Merkmal, denn Preise können keine Werte zwischen zwei aufeinanderfolgenden Cent annehmen. Hier ist die Einteilung aber so fein, dass man „Preis“ meist als stetiges Merkmal behandelt.) ■

---

[1] auch: Rang-Merkmal

[2] auch: metrisches oder kardinales Merkmal

Die Kategorie eines Merkmals hat Einfluss auf die Gestaltung von Fragebögen und grafischen Bildschirmoberflächen: Bei einem qualitativen Merkmal mit nur wenigen Ausprägungen (z. B. Familienstand, Geschlecht) wird man alle Alternativen auflisten mit der Möglichkeit, die zutreffende anzukreuzen. Ein qualitatives Merkmal mit sehr vielen möglichen Ausprägungen (z. B. Name, Wohnort, Staatsangehörigkeit) wird man als Freitextfeld zum Ausfüllen realisieren. Quantitative Merkmale schließlich haben sehr viele Werte und werden daher als Freitextfeld dargestellt, oder man fasst die Werte zu wenigen Intervallen zusammen (Klassierung, siehe Abschnitt 2.2) mit der Möglichkeit anzukreuzen.

Zum Zwecke der effizienten Abspeicherung von Merkmalsausprägungen in DV-Anlagen werden die Ausprägungen oft **verschlüsselt**, d. h., den einzelnen Werten werden Zahlen zugeordnet, z. B. beim qualitativ-nominalen Merkmal Familienstand: „0“ für „ledig“, „1“ für „verheiratet“, „2“ für „verwitwet“ usw. Das heißt aber **nicht**, dass daraus jetzt ein quantitatives Merkmal entstanden ist, was man schon allein daran erkennt, dass „verwitwet“ nicht doppelt soviel ist wie „verheiratet“.

Werden die benötigten Daten durch eine eigens für statistische Zwecke organisierte Erhebung gewonnen, sprechen wir von einer **Primärstatistik**, werden sie dagegen von bereits vorhandenen Verwaltungs- oder Unternehmensdateien für die Statistik „abgezweigt“, von einer **Sekundärstatistik**.

Beispiel 2.4

Ermittelt die Nürnberger „Gesellschaft für Konsumforschung“ (GfK) die Fernseh-Einschaltquoten, so entsteht eine Primärstatistik, dasselbe gilt z. B. für Qualitätskontrolle in Betrieben. Die monatliche Arbeitslosenstatistik der Bundesagentur für Arbeit dagegen ist eine Sekundärstatistik, da hier auf das bereits in den Arbeitsämtern vorliegende Material zurückgegriffen wird. ■

Werden alle Elemente einer statistischen Masse in die Erhebung einbezogen, liegt eine **Totalerhebung** oder **Vollerhebung** vor, ansonsten eine **Teilerhebung** oder **Stichprobe**. Elemente in Stichproben können zufällig ausgewählt werden (**Zufallsstichprobe**, sie wird im Abschnitt 4.1 behandelt), oder bewusst zusammengesetzt werden, sodass in der Stichprobe die Werte gewisser Merkmale mit den gleichen relativen Häufigkeiten („Quoten“) repräsentiert sind wie in der Gesamtheit (**repräsentative Stichprobe**). Um repräsentative Stichproben zusammensetzen zu können, braucht man Informationen über die zugrunde liegende Grundgesamtheit aus früheren Untersuchungen.

Beispiel 2.5

Die GfK führt Teilerhebungen zur Fernsehzuschauerforschung durch. Dieses Fernsehpanel umfasst 5 000 täglich berichtende Haushalte, in denen fast 10 000 Personen leben (Stichprobe). Damit wird die Fernsehnutzung von 75,68 Mio. Personen ab drei Jahren (Grundgesamtheit) abgebildet (Stand 01.01.2018, Quelle: [12]). Sind also etwa in der Gesamtbevölkerung 12 % zwischen 14 und 29 Jahre alt, so müssen in einer repräsentativen Stichprobe von 10 000 Testpersonen ca. 1 200 Testpersonen zwischen 14 und 29 Jahre alt sein. ∎

Für die anschließende Veröffentlichung der Daten in Form einer Tabelle gibt es die DIN-Norm 55 301, „Gestaltung statistischer Tabellen" ([9]). Sie regelt Begriffe und äußere Form. Es empfiehlt sich, auch bei Statistiken für den innerbetrieblichen Gebrauch sich an einige Grundregeln dieser Norm zu halten. Bild 2.1 zeigt die vier Hauptbestandteile einer Tabelle. Der Tabellenkopf

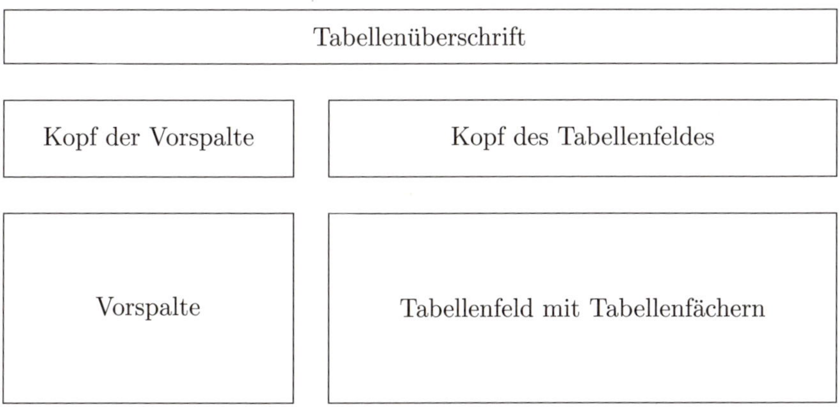

Bild 2.1: Bestandteile einer Tabelle

kann dabei Unterstrukturen enthalten. Bei quantitativ-stetigen Merkmalen müssen die Einheiten im Kopf oder in der Überschrift stehen. Tabellenfächer sollten niemals leer sein, es können aber u.a. folgende Symbole verwendet werden (siehe [9], 10.6):

–	nichts vorhanden
...	Angabe fällt später an
/	Zahlenwert nicht sicher genug
.	Zahlenwert unbekannt oder geheimzuhalten
x	Tabellenfach gesperrt, weil Aussage nicht sinnvoll

Die sachliche, räumliche und zeitliche Eingrenzung der statistischen Masse muss aus dem Titel der Veröffentlichung, der Tabellenüberschrift, der Vorspalte, dem Kopf und ggf. aus Fußnoten hervorgehen. Bild 2.2 zeigt eine nach diesen Richtlinien gestaltete Tabelle (Auszug aus [14], S. 110, Tab. 38):

Schulabgänger 2014/15 in Bayern nach Abschlussarten

<table>
<tr><th rowspan="3">Schulart</th><th rowspan="3">Abgänger insgesamt</th><th colspan="4">und zwar</th></tr>
<tr><th rowspan="2">ohne Abschluss</th><th colspan="3">mit</th></tr>
<tr><th>Abschluss der Mittelschule</th><th>dar. mit Quali[1]</th><th>allgemeine Hochschulreife</th></tr>
<tr><td>Mittel-/ Hauptschule</td><td>42 098</td><td>2 622</td><td>24 702</td><td>16 870</td><td>x</td></tr>
<tr><td>Realschule</td><td>38 177</td><td>342</td><td>605</td><td>146</td><td>x</td></tr>
<tr><td>Gymnasium</td><td>42 137</td><td>124</td><td>399</td><td>50</td><td>38 014</td></tr>
</table>

[1] Qualifizierender Abschluss der Mittelschule

Bild 2.2: Nach DIN 55 301 gestaltete Tabelle (Auszug)

Aufgaben

2.1 Nennen Sie zu den folgenden Merkmalsträgern (statistischen Elementen) und Merkmalen jeweils einige sinnvolle Merkmalsausprägungen und geben Sie an, um welche Merkmalskategorie es sich dabei handelt (qualitativ-nominal, qualitativ-ordinal, quantitativ-diskret, quantitativ-stetig):

Merkmalsträger	Merkmal
Personen	Hochschulstudium? (Ja/Nein)
Personen	Familienstand
Fernsehzuschauer	Gefallen an einer Sendung
Betriebe	Anzahl Mitarbeiter
Motoren	Leistung
Telefongespräche	Dauer
Klavierstücke	Schwierigkeitsgrad

2.2 Was sind die statistischen Elemente in Bild 2.2 und welche Merkmale wurden erhoben? Nennen Sie die dazugehörigen Ausprägungen. Um welche Merkmalskategorien handelt es sich? Liegt eine Primär- oder Sekundärstatistik vor, eine Teil- oder Totalerhebung?

2.3 Entwerfen Sie eine Tabellenstruktur, in der der Energieverbrauch eines Landes in den Jahren 2015, 2016 und 2017 dargestellt werden kann, aufgeschlüsselt nach Energieträgern (Mineralölprodukte, Gase, Strom usw.). Der Verbrauch soll sowohl in TJ (Tera-Joule) als auch in 1 000 t SKE (1 000-Tonnen-Steinkohleeinheiten) ausgewiesen werden.

2.2 Eindimensionale Häufigkeitsverteilungen

Der Begriff **eindimensional** meint die Betrachtung und Auswertung eines **einzelnen** Merkmals. Mehrere Merkmale und ihre Zusammenhänge werden in Abschnitt 2.6 behandelt.

Die **Urliste** ist diejenige Liste, die direkt bei der Datenerhebung entsteht. Sie ist meist sehr unübersichtlich und für Veröffentlichungszwecke in der Regel nicht geeignet. Um sich einen Überblick über die Verteilung der statistischen Masse auf die einzelnen Merkmalsausprägungen zu verschaffen, stellt man daher zunächst die **Häufigkeitsverteilung** des Merkmals X in Form einer unklassierten oder klassierten **Häufigkeitstabelle** dar.

Definition 2.1

Es sei n die Anzahl der statistischen Elemente. Diese seien von 1 bis n durchnumeriert, dann ist

$$x_i := \text{Ausprägung des Merkmals } X \text{ bei Element } i,\; i = 1, \ldots, n.$$

Es sei m die Anzahl der **verschiedenen** Merkmalsausprägungen von X bei einer konkreten statistischen Masse, also $m \leq n$. Dann ist

$$a_j := j\text{-te Ausprägung des Merkmals } X,\; j = 1, \ldots, m.$$

Die **absolute Häufigkeit** h_j und die **relative Häufigkeit** f_j sind erklärt durch

$$h_j \;:=\; \text{Anzahl der } x_i \text{ mit Ausprägung } a_j, \tag{2.1}$$

$$f_j \;:=\; \frac{h_j}{n}. \tag{2.2}$$

Relative Häufigkeiten werden oft in Prozent angegeben. DIN 55 301 empfiehlt in 10.3, dies erst für Umfänge $n \geq 100$ zu tun. Haben acht Elemente einer statistischen Masse vom Umfang $n = 10$ die gleiche Ausprägung, so ist es nicht sinnvoll, von „80 %" zu sprechen.

Offensichtlich müssen folgende Beziehungen gelten:

$$0 \leq h_j \leq n \quad \text{und} \quad \sum_{j=1}^{m} h_j = n, \tag{2.3}$$

$$0 \leq f_j \leq 1 \quad \text{und} \quad \sum_{j=1}^{m} f_j = 1. \tag{2.4}$$

Beispiel 2.6

Bei einer Befragung von 60 erfolgreichen Studienabsolventen wird u.a. das Merkmal X: „Anzahl Fachsemester bis zum Bachelorabschluss" erhoben. Es entsteht folgende Urliste:

9	8	7	7	8	10	6	8	8	7	9	7
10	8	8	9	7	8	9	10	6	10	8	9
9	7	7	8	8	7	8	7	7	8	8	8
10	7	10	9	8	6	9	7	8	7	9	12
9	8	9	6	12	8	7	8	9	7	8	7

Erstellen Sie eine Tabelle der absoluten und relativen Häufigkeiten.

Lösung: Es ist $n = 60$, aber es gibt nur wenige verschiedene Ausprägungen von X, nämlich 6, 7, 8, 9, 10 und 12. Wir erstellen eine Tabelle, die in der Vorspalte diese Werte aufweist:

<table>
<tr><th rowspan="2">Semester-zahl a_j</th><th rowspan="2">Strichliste</th><th colspan="2">Häufigkeit</th></tr>
<tr><th>absolut h_j</th><th>relativ f_j</th></tr>
<tr><td>6</td><td>||||</td><td>4</td><td>0,0667</td></tr>
<tr><td>7</td><td>||||| ||||| ||||| |</td><td>16</td><td>0,2667</td></tr>
<tr><td>8</td><td>||||| ||||| ||||| |||||</td><td>20</td><td>0,3333</td></tr>
<tr><td>9</td><td>||||| ||||| ||</td><td>12</td><td>0,2000</td></tr>
<tr><td>10</td><td>||||| |</td><td>6</td><td>0,1000</td></tr>
<tr><td>12</td><td>||</td><td>2</td><td>0,0333</td></tr>
<tr><td>$\sum$</td><td></td><td>60</td><td>1,0000</td></tr>
</table>

Die Häufigkeitsverteilung gibt also an, wie sich die (absoluten oder relativen) Häufigkeiten auf die verschiedenen Merkmalsausprägungen a_j verteilen. ■

Im vorigen Beispiel wurden in der Vorspalte alle erhaltenen Merkmalsausprägungen aufgelistet. Man spricht von einer **unklassierten Häufigkeitsverteilung**. Ihre grafische Darstellung liefert das **Stabdiagramm**. Die Merkmalsausprägungen werden dabei immer auf der waagerechten Achse angetragen, die Höhe der Stäbe entspricht den Häufigkeiten. Dabei ist es egal, ob man absolute oder relative Häufigkeiten betrachtet, der Unterschied drückt sich nur in der Beschriftung der senkrechten Achse aus. Bild 2.3 zeigt das Stabdiagramm zum vorigen Beispiel. Deutlich erkennt man nun eine eingipf-

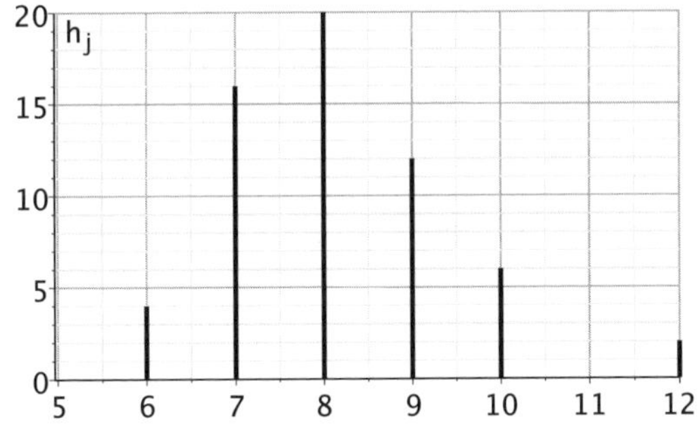

Bild 2.3: Stabdiagramm zu den Fachsemestern

lige Verteilung, der man sofort entnehmen kann, dass Studierende mit acht Semestern am häufigsten vorkommen.

Bei einem **stetigen** Merkmal erhalten wir in der Regel sehr viele verschiedene Merkmalsausprägungen, bei hinreichend großer Genauigkeit des Messgerätes ist sogar zu erwarten, dass bei allen n statistischen Elementen verschiedene Werte x_i auftreten. In diesem Fall ist es sinnvoll, die erhaltenen Merkmalsausprägungen zu Klassen der Gestalt „von ... bis unter ...“ zusammenzufassen. Es entsteht eine **klassierte Häufigkeitsverteilung**. Dabei gelten folgende Empfehlungen:

- Man vermeide nach unten und nach oben offene Klassen am Anfang und am Ende.
- Die Anzahl der Klassen sollte den Wert $\sqrt{n}$ (n=Umfang der statistischen Masse) nicht überschreiten.

Der Preis für den Gewinn an Übersichtlichkeit, den man durch die Klassenbildung erhält, ist ein Informationsverlust, denn über die Verteilung der Werte innerhalb einer Klasse ist nun nichts mehr bekannt.

Definition 2.2

Gegeben sei ein stetiges Merkmal X mit Werten im Intervall $[a; b)$ und eine Folge von reellen Zahlen

$$a = a_1 < b_1 = a_2 < b_2 = a_3 < b_3 \ldots a_m < b_m = b.$$

Das Intervall

$$[a_j; b_j) = \{x | a_j \leq x < b_j\}$$

heißt j-te **Klasse** K_j. Die Klassen bilden also eine lückenlose und sich nicht überlappende Zerlegung des gesamten Wertebereiches von X. Die untere Klassengrenze gehört dabei immer zur Klasse selbst, die obere zur nächsten Klasse. Die **absolute Häufigkeit** h_j und die **relative Häufigkeit** f_j der Klasse K_j sind erklärt durch

$$h_j := \text{Anzahl der Ausprägungen } x \text{ mit } a_j \leq x < b_j, \tag{2.5}$$

$$f_j := \frac{h_j}{n}. \tag{2.6}$$

Weiterhin seien

$$d_j := b_j - a_j \text{ die } \textbf{Klassenbreite}, \tag{2.7}$$

$$m_j := \frac{a_j + b_j}{2} \text{ die } \textbf{Klassenmitte} \text{ und} \tag{2.8}$$

$$h_j^* := \frac{h_j}{d_j} \text{ die } \textbf{Klassendichte} \text{ oder } \textbf{Besetzungsdichte} \tag{2.9}$$

Der Begriff „Dichte“ steht dabei in Einklang mit der Bedeutung in der Physik: Von Dichte spricht man immer dann, wenn eine Größe durch den von ihr eingenommenen Raum (hier die Klassenbreite) dividiert wird. Ist der Raum groß, so ist die Dichte klein und umgekehrt.

Beispiel 2.7

Von 5 000 Telefongesprächen wurden an der zentralen Telefonanlage die Dauern in Minuten gemessen. Die folgende Tabelle gibt die klassierte absolute und relative Häufigkeitsverteilung an, wobei nicht alle Klassen gleich lang sind, sowie die Klassenbreiten, -dichten und -mitten:

j	Klasse K_j von a_j min bis unter b_j min	h_j	f_j	d_j	h_j^*	m_j
1	0– 2	1 650	0,3300	2	825,0	1,0
2	2– 4	1 111	0,2222	2	555,5	3,0
3	4– 6	720	0,1440	2	360,0	5,0
4	6– 8	508	0,1016	2	254,0	7,0
5	8–10	332	0,0664	2	166,0	9,0
6	10–15	427	0,0854	5	85,4	12,5
7	15–30	252	0,0504	15	16,8	22,5
Σ		5 000	1,0000	×	×	×

■

Die grafische Darstellung einer klassierten Häufigkeitsverteilung erfolgt mittels eines **Histogramms**. Es besteht aus soviel Rechtecken wie Klassen, deren Grundlinien auf der waagerechten Achse (der Merkmalsachse) die Klasseneinteilung wiedergeben. Die Flächeninhalte sollen dabei den Häufigkeiten h_j proportional sein. Deshalb muss die Höhe von Rechteck j gleich der **Klassendichte** h_j^* sein, sonst würden Klassen mit großer Breite überproportional gewichtet, und es entstünde ein falscher optischer Eindruck. Bild 2.4 gibt ein ehrliches Histogramm zum vorigen Beispiel an in dem Sinne, dass die Flächeninhalte die tatsächlichen Klassenbesetzungszahlen wiedergeben.

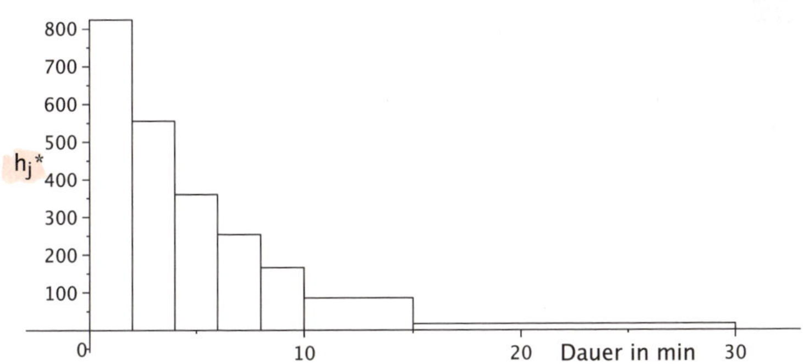

Bild 2.4: Histogramm zu den Telefongesprächen

Aufgabe

2.4 Bei einer Population von $n = 30$ Versuchstieren wird an einem bestimmen Tag das Gewicht gemessen. Man erhält folgende Urliste:

lfd. Nr.	Gewicht in kg					
1– 6	12,16	11,53	14,02	11,85	10,94	11,83
7–12	12,94	11,46	13,15	12,70	10,88	13,24
13–18	14,04	10,95	14,78	12,39	13,69	11,82
19–24	14,28	12,96	13,24	13,42	12,23	15,04
25–30	11,34	12,28	13,42	13,93	14,73	11,28

a) Erstellen Sie, um einen besseren Überblick über die Verteilung der statistischen Masse bezüglich der Gewichte zu erhalten, eine absolute klassierte Häufigkeitsverteilung mit den (gleich langen) Klassen: 10 kg bis unter 11 kg, 11 kg bis unter 12 kg usw.

b) Stellen Sie die absolute klassierte Häufigkeitsverteilung im Histogramm dar.

2.3 Kumulierte Häufigkeiten und empirische Verteilungsfunktion

Häufig interessiert man sich für Fragestellungen der folgenden Art:

- „Welcher Anteil der statistischen Masse liegt (bezüglich eines bestimmten Merkmals) unterhalb oder oberhalb einer bestimmten Grenze, oder zwischen zwei Grenzen?“
- „Welche Merkmalsausprägung x_p hat die Eigenschaft, dass der Anteil p der statistischen Masse unterhalb x_p und der Rest oberhalb davon liegt?“

Solche Fragen beantwortet die **kumulierte Häufigkeitstabelle** und ihre grafische Darstellung. Sie können nur konstruiert werden, wenn das Merkmal X eine Anordnung seiner Werte der Größe nach gestattet, also qualitativ-ordinal oder quantitativ ist.

Definition 2.3

Seien h_j und f_j die absolute und relative Häufigkeit der Merkmalsausprägung a_j bzw. der Klasse K_j, wobei die a_j bzw. K_j der Größe nach geordnet sein sollen. Dann heißt

$$H_j := h_1 + h_2 + \ldots + h_j = \sum_{k=1}^{j} h_k \quad (2.10)$$

die **kumulierte absolute Häufigkeit** der Ausprägung a_j bzw. der Klasse K_j und analog

$$F_j := f_1 + f_2 + \ldots + f_j = \sum_{k=1}^{j} f_k \quad (2.11)$$

ihre **kumulierte relative Häufigkeit**.

Beispiel 2.8

Erstellen Sie eine relative kumulierte Häufigkeitstabelle zu den Daten aus Beispiel 2.6. Bestimmen Sie damit die Anteile der Studierenden mit:

a) höchstens neun Semestern;
b) acht oder mehr Semestern;
c) sieben bis neun Semestern.

Lösung:

j	Semesterzahl a_j	rel. Häufigkeit	
		einfach f_j	kumuliert F_j
1	6	0,0667	0,0667
2	7	0,2667	0,3333
3	8	0,3333	0,6667
4	9	0,2000	0,8667
5	10	0,1000	0,9667
6	12	0,0333	1,0000

Daraus liest man ab ($X :=$ Semesterzahl):
a) Anteil mit $X \leq 9$: $F_4 = 0{,}8667$ oder 86,67 %.
b) Anteil mit $X \geq 8$: $1 - F_2 = 1 - 0{,}3333 = 0{,}6667$ oder 66,67 %.

c) Anteil mit $7 \leq X \leq 9$: $F_4 - F_1 = 0{,}8667 - 0{,}0667 = 0{,}8000$ oder 80 %. (Die %-Angabe ist bei einer Gesamtzahl von $n < 100$ lt. [9] fragwürdig.) ∎

Ganz analog bilden wir die kumulierten Häufigkeiten bei einer klassierten Verteilung eines stetigen Merkmals.

Beispiel 2.9

Bestimmen Sie für die 5 000 Telefongespräche aus Beispiel 2.7 die relativen kumulierten Häufigkeiten F_j. Wie viel Prozent der Gespräche dauerten unter acht Minuten?

Lösung:

j	Klasse K_j von a_j min bis unter b_j min	relativ, einfach f_j	relativ, kumuliert F_j
1	0– 2	0,3300	0,3300
2	2– 4	0,2222	0,5522
3	4– 6	0,1440	0,6962
4	6– 8	0,1016	0,7978
5	8–10	0,0664	0,8642
6	10–15	0,0854	0,9496
7	15–30	0,0504	1,0000

Daraus lesen wir ab, dass 79,78 % der Telefongespräche unter acht Minuten dauerten. ∎

Für den weiteren Umgang mit kumulierten Häufigkeiten F_j ist es sinnvoll, diese auf eine Funktion auszuweiten, die für alle reellen Zahlen erklärt ist:

Definition 2.4

Die **empirische Verteilungsfunktion** $F(x)$ ist für eine statistische Masse, die **nicht** in Klassen eingeteilt ist, gegeben durch

$$F(x) := \sum_{a_j \leq x} f_j. \qquad (2.12)$$

Ist die statistische Masse dagegen in **Klassen** $[a_j; b_j)$ eingeteilt, entsteht $F(x)$, indem man die Stützpunkte $(b_j; F_j)$, $j = 0, \ldots, m$, durch Strecken verbindet. Dabei wird $b_0 := a_1$ und $F_0 := 0$ gesetzt.

„Empirisch" heißt: durch Beobachtung gewonnen. Der Begriff wird häufig verwendet als Gegensatz zu „theoretisch": durch Überlegung und Modellbildung gewonnen.

Wir erhalten so für ein unklassiertes Merkmal eine **monoton wachsende Treppenfunktion**, die genau an den Stellen a_j Sprünge der Höhe f_j aufweist. An den Sprungstellen selbst ist wegen des Kleiner-gleich-Zeichens in (2.12) immer der größere Wert zu nehmen, mathematisch ausgedrückt: Die Treppenfunktion ist **rechtsseitig stetig**. Bild 2.5 zeigt die empirische Verteilungsfunktion für die Semesterzahlen.

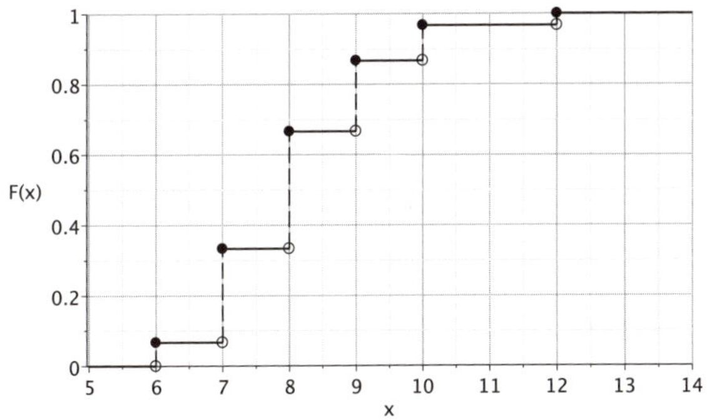

Bild 2.5: Empirische Verteilungsfunktion $F(x)$ der Semesterzahlen

Bei einem klassierten Merkmal wird durch die Strecken einerseits eine stetige Funktion erzeugt, andererseits drückt man dadurch aus, dass über die Verteilung des Merkmals innerhalb einer Klasse nichts Näheres bekannt ist. Man nimmt dann an, dass die Merkmalsausprägungen innerhalb einer Klasse gleichmäßig über die gesamte Klassenbreite verteilt sind. Die empirische Verteilungsfunktion ist beim klassierten Merkmal eine monoton wachsende stetige Funktion mit dem Wertebereich [0; 1]. Es gilt die Näherung

$$F(x) \approx \frac{\text{Anzahl Elemente mit Merkmalsausprägung} \leq x}{n}.$$

Falls x mit einer Klassengrenze zusammenfällt, gilt sogar exakte Gleichheit, ansonsten ist $F(x)$ wegen des Informationsverlustes durch die Klassenbildung nur eine Näherung. Bild 2.6 zeigt die empirische Verteilungsfunktion für die Dauer der Telefongespräche.

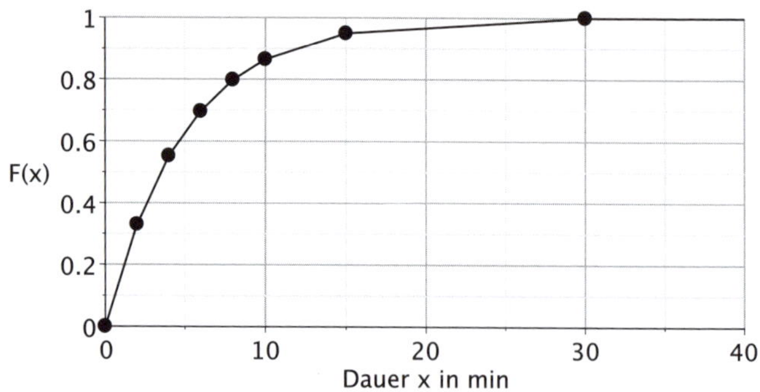

Bild 2.6: Empirische Verteilungsfunktion der Geprächsdauern

Beispiel 2.10

Beantworten Sie mithilfe von Bild 2.6 folgende Fragen:

a) Wie viel Prozent der Gespräche dauern unter 6 Minuten?

b) Wie viel Prozent dauern 12 Minuten oder mehr?

c) Welche Gesprächsdauer $x_{50\,\%}$ hat die Eigenschaft, dass 50 % der Gespräche weniger als $x_{50\,\%}$ Minuten dauern und 50 % länger?

Lösung: Für a) suchen wir den Wert 6 auf der Merkmalsachse auf und lesen den zugehörigen Funktionswert 0,7 ab. Also dauern 70 % der Gespräche bis zu sechs Minuten. Der Wert lässt sich sogar präzise zu 69,62 % angeben, da 6 eine Klassengrenze ist (s. Tabelle in Beispiel 2.9). Für b) erhalten wir analog $F(12) = 0{,}9$, also dauern 10 % der Gespräche **länger** als zwölf Minuten. Für c) suchen wir den Wert 0,5 auf der Ordinate auf, gehen von dort nach rechts zur Kurve und dann nach unten, wo wir $x_{50\,\%} \approx 3{,}5\,\text{min}$ ablesen. ■

Teil c) des letzten Beispiels gibt Anlass zu folgender

Definition 2.5

Sei $0 < p < 1$. Das p-**Quantil** x_p bezüglich des Merkmals X ist diejenige Merkmalsausprägung, die von der statistischen Masse den unteren Anteil p (oder $100p\,\%$) abtrennt. Ist die empirische Verteilungsfunktion $F(x)$ stetig und streng monoton wachsend (wie im Falle einer klassierten Häufigkeitsverteilung ohne leere Klassen), so erhält man x_p rechnerisch oder grafisch als eindeutige Lösung der Gleichung

$$F(x_p) = p. \tag{2.13}$$

Quantile werden in der Alltagssprache häufig verwendet, ohne dass der Begriff selbst explizit fällt, z. B. in dem folgenden Satz: „30 % der Arbeitnehmer des Landes verdienen weniger als 10 Dollar pro Tag." In der Fachsprache: Das 30 %-Quantil des Merkmals „Tageseinkommen" beträgt $x_{30\,\%} = 10\,\$$.

Es ist auch leicht möglich, direkt aus der klassierten Häufigkeitstabelle ohne vorherige Anfertigung einer Grafik das p-Quantil x_p rechnerisch zu bestimmen. Mithilfe von linearer Interpolation erhält man:

Satz 2.1

Sei p mit $0 < p < 1$ gegeben. Man bestimme aus der Tabelle diejenige relative kumulierte Häufigkeit F_j, die zum ersten Male größer oder gleich p ist. a_j und b_j seien die dazugehörigen Klassengrenzen („Einfallsklasse des p-Quantils"). Dann gilt:

$$x_p = a_j + \frac{p - F_{j-1}}{F_j - F_{j-1}}(b_j - a_j). \qquad (2.14)$$

Beispiel 2.11

Berechnen Sie aus der Tabelle in Beispiel 2.9 mittels linearer Interpolation das 50 %-Quantil des Merkmals „Gesprächsdauer".

Lösung: $F_2 = 0{,}5522$ ist zum ersten Mal größer als $p = 0{,}5$. Die Einfallsklasse für das 50 %-Quantil ist also die Klasse von 2 Minuten bis 4 Minuten. Aus Formel (2.14) erhalten wir

$$x_{50\,\%} = 2\,\text{min} + \frac{0{,}5000 - 0{,}3300}{0{,}5522 - 0{,}3300}(4\,\text{min} - 2\,\text{min}) = 3{,}53\,\text{min}.$$

Im vorangegangenen Beispiel hatten wir durch Ablesen aus der Grafik den Wert 3,5 Minuten erhalten. ■

Aufgaben

2.5 100 Geräte des gleichen Typs werden im Rahmen der Qualitätskontrolle in einem bestimmten Zeitraum beobachtet und bei jedem Gerät die Anzahl der Ausfälle in diesem Zeitraum gezählt (statistische Masse: die 100 Geräte. Merkmal: Anzahl Ausfälle). Man erhält folgende Häufigkeitstabelle:

Anzahl Ausfälle	2	3	4	5	6	7	8	9	Σ
abs. Häufigkeit	9	17	24	18	13	10	6	3	100

a) Berechnen Sie die absoluten kumulierten Häufigkeiten und stellen Sie die empirische Verteilungsfunktion grafisch dar (Treppenfunktion).

b) Wie viel Prozent der Maschinen hatten genau fünf Ausfälle?

c) Wie viel Prozent der Maschinen hatten vier oder weniger Ausfälle?

d) Wie viel Prozent der Maschinen hatten sechs oder mehr Ausfälle?

2.6 Daten zu dieser Aufgabe sind die Gewichte der 30 Versuchstiere aus Aufgabe 2.4.

a) Bestimmen und zeichnen Sie — ausgehend von der klassierten Häufigkeitsverteilung — die empirische Verteilungsfunktion.

b) Bestimmen Sie exakt (aus der Urliste) und näherungsweise durch Ablesen aus der empirischen Verteilungsfunktion den Anteil der Tiere mit einem Gewicht unter 13,50 kg.

c) Welcher Anteil der Tiere liegt zwischen 12,50 kg und 13,50 kg? Exakte und grafische Lösung.

d) Bestimmen Sie jeweils durch Ablesen und durch lineare Interpolation das 20 %- und das 50 %-Quantil.

2.4 Lageparameter

In diesem Abschnitt werden Parameter beschrieben, mit deren Hilfe man die **Lage** einer statistischen Masse auf der Merkmalsachse durch einen einzigen Wert (meist eine Zahl) charakterisieren kann. Es sind dies das **arithmetische Mittel**, der **Zentralwert**, der **häufigste Wert** und das **geometrische Mittel**.

Arithmetisches Mittel

Dieser Lageparameter wird wohl am häufigsten verwendet und ist auch dem statistisch nicht vorgebildeten Laien als **Durchschnitt** vertraut.

Definition 2.6

Das arithmetische Mittel $\bar{x}$ entsteht, indem man alle Merkmalsausprägungen x_i aufaddiert und durch die Anzahl n der statistischen Elemente dividiert.

Je nachdem, ob man von der Urliste oder der Häufigkeitstabelle ausgeht, erhält man folgende Formeln:

a) Aus der **Urliste** (ungewogenes arithmetisches Mittel):

$$\bar{x} = \frac{x_1 + x_2 + \ldots + x_n}{n} = \frac{1}{n}\sum_{i=1}^{n} x_i. \tag{2.15}$$

Dabei bezeichnet x_i die Ausprägung des i-ten Elements, n die Anzahl der Elemente.

b) Aus der **unklassierten Häufigkeitstabelle** (gewogenes arithmetisches Mittel):

$$\bar{x} = \frac{a_1 h_1 + a_2 h_2 + \ldots + a_m h_m}{n} = \sum_{j=1}^{m} a_j \frac{h_j}{n} = \sum_{j=1}^{m} a_j f_j. \tag{2.16}$$

Dabei bezeichnet m die Anzahl der **verschiedenen** Ausprägungen, h_j die absolute und f_j die relative Häufigkeit der Ausprägung a_j. Die f_j lassen sich auch interpretieren als **Gewichte**, die zusammen 1 ergeben und bestimmen, welchen Einfluss die Ausprägung a_j auf $\bar{x}$ hat. Das ungewogene arithmetische Mittel ist nur ein Spezialfall des gewogenen, bei dem alle Gewichte gleich $1/n$ sind.

c) Aus der **klassierten Häufigkeitstabelle**: Wegen des hierbei unvermeidbaren Informationsverlustes durch die Klassenbildung kann $\bar{x}$ nur ungefähr angegeben werden. Man ersetzt dabei die Merkmalsausprägung a_j in (2.16) durch die Klassenmitte m_j und erhält

$$\bar{x} \approx \frac{1}{n}\sum_{j=1}^{m} m_j h_j = \sum_{j=1}^{m} m_j f_j. \tag{2.17}$$

Man nimmt also — mangels genauerer Informationen — an, dass die Elemente in einer Klasse gleichmäßig über die gesamte Klassenbreite verteilt sind. Das arithmetische Mittel innerhalb einer Klasse ist dann gerade die Klassenmitte m_j.

Beispiel 2.12

Zehn Familien vergleichen ihre Kinderzahlen. Die Urliste lautet

1, 3, 0, 2, 2, 3, 1, 4, 1, 2.

Die durchschnittliche Kinderzahl ergibt sich mit (2.15) zu $\bar{x} = 1{,}9$. Dieses und ähnliche „krumme" Ergebnisse werden gerne hergenommen, um Ergebnisse der Statistik lächerlich zu machen, da sie dem gesunden

Menschenverstand scheinbar widersprechen: „Die Durchschnittsfamilie hat 1,9 Kinder“. Dieser Satz ist sinnlos, es gibt keine Durchschnittsfamilie. Eine sinnvolle Interpretation von $\bar{x}$ folgt im Anschluss an diese Beispiele. ∎

Beispiel 2.13

Erstellen Sie zu den Daten des vorherigen Beispiels eine Häufigkeitstabelle und berechnen Sie $\bar{x}$ nochmals nach Formel (2.16).

Lösung:

a_j	h_j	f_j	$a_j f_j$
0	1	0,1	0,0
1	3	0,3	0,3
2	3	0,3	0,6
3	2	0,2	0,6
4	1	0,1	0,4
Σ	$n = 10$	1,0	1,9

Wir erhalten wie erwartet am Ende der letzten Spalte $\bar{x} = 1{,}9$. ∎

Beispiel 2.14

Das Statistische Jahrbuch für Bayern 2012 ([13]) listet auf S. 157 die Erwerbstätigen in Bayern im Jahr 2011 nach Altersklassen auf:

Altersgruppe in Jahren	Erwerbstätige insgesamt in 1000
unter 20	252
20 bis unter 25	521
25 bis unter 30	634
30 bis unter 35	681
35 bis unter 45	1 553
45 bis unter 55	1 759
55 bis unter 65	966
65 oder mehr	151

Man berechne approximativ mithilfe der Klassenmitten das Durchschnittsalter $\bar{x}$ der Erwerbstätigen. Dabei tritt das Problem der offenen ersten und letzten Klasse auf. Für die erste Klasse setzen wir 15 Jahre als untere Grenze. In der Annahme, dass es nur sehr wenige Erwerbstätige über 75 Jahre gibt, setzen wir die obere Grenze der letzten Klasse (willkürlich) auf 75 Jahre fest.

Lösung: Wir verwenden das folgende nahe liegende Rechenschema:

Klasse K_j	m_j	h_j	$m_j h_j$
15 bis unter 20	17,5	252	4 410,0
20 bis unter 25	22,5	521	11 722,5
25 bis unter 30	27,5	634	17 435,0
30 bis unter 35	32,5	681	22 132,5
35 bis unter 45	40,0	1 553	62 120,0
45 bis unter 55	50,0	1 759	87 950,0
55 bis unter 65	60,0	966	57 960,0
65 bis unter 75	70,0	151	10 570,0
Σ		6 517	274 300,0

Wir erhalten $\bar{x} \approx 274\,300$ Jahre/6 517 $= 42{,}09$ Jahre als geschätztes Durchschnittsalter aller Erwerbstätigen. In Wahrheit dürfte der Wert sogar noch etwas darüber liegen, da in der ersten Klasse der 15- bis 20-Jährigen wahrscheinlich keine Gleichverteilung herrscht, sondern eher eine Konzentration am oberen Rand der Klasse. ■

Es folgen einige Eigenschaften des arithmetischen Mittels:

a) Es kann nur bei quantitativen, nicht bei ordinalen oder gar nominalen Merkmalen gebildet werden, denn die Merkmalsausprägungen der letzteren können nicht sinnvoll aufaddiert werden (es gibt keine „durchschnittliche Haarfarbe“).

b) Die Summe der Abweichungen (mit Vorzeichen) der einzelnen Merkmalsausprägungen x_i von $\bar{x}$ ist stets 0:

$$\sum_{i=1}^{n}(x_i - \bar{x}) = \sum x_i - n\bar{x} = \sum x_i - \sum x_i = 0. \tag{2.18}$$

Anders ausgedrückt: Die Summe aller Abweichungen links von $\bar{x}$ ist gleich der Summe aller Abweichungen rechts davon:

$$\sum_{x_i < \bar{x}} (\bar{x} - x_i) = \sum_{x_i > \bar{x}} (x_i - \bar{x}). \tag{2.19}$$

Dies bedeutet aber, dass $\bar{x}$ in diesem Sinne „in der Mitte“ aller x_i liegt, die Lage des gesamten Punkthaufens $\{x_1, x_2, \ldots, x_n\}$ also gut repräsentiert. Im physikalischen Sinne ist (2.19) gerade die Gleichgewichtsbedingung: Denkt man sich die x-Achse als langen masselosen Stab und darauf an den Positionen x_i jeweils eine konstante punktförmige Masse angebracht, so befindet sich der Stab genau dann im Gleichgewicht, wenn er im Punkt $\bar{x}$ unterstützt wird. Denn dann ist laut (2.19) die Summe der Drehmomente[1] links gleich der Summe der Drehmomente rechts.

c) Das arithmetische Mittel ist im folgenden Sinne ein **optimaler** Repräsentant der gesamten Datenmenge $\{x_1, x_2, \ldots, x_n\}$: Sei λ eine beliebige reelle Zahl. Wir führen als „Strafmaß" für die Abweichung eines Wertes x_i von λ die Größe $(x_i - \lambda)^2$ ein. Durch das Quadrat wird sichergestellt, dass Abweichungen nach links oder rechts beide positiv in die „Gesamtstrafe"

$$f(\lambda) := \sum_{i=1}^{n} (x_i - \lambda)^2 \tag{2.20}$$

eingehen. Hierbei sind die x_i im Gegensatz zur sonstigen Konvention konstante Größen, λ die Variable. Durch Ableiten von (2.20) nach λ und Nullsetzen der ersten Ableitung folgt:

$$f(\lambda) \text{ minimal} \Leftrightarrow \lambda = \bar{x}. \tag{2.21}$$

In Worten: **Das arithmetische Mittel minimiert die Summe der quadratischen Abweichungen von den Einzelwerten**.

d) Das arithmetische Mittel zeigt ein besonders einfaches Verhalten bei **linearen Transformationen**: Wird jede einzelne Merkmalsausprägung x_i derselben linearen Transformation $y_i := a + bx_i$ mit festen Zahlen a und b unterworfen, so gilt für die arithmetischen Mittel $\bar{x}$ und $\bar{y}$:

$$\bar{y} = a + b\bar{x}. \tag{2.22}$$

Die Mittelwerte transformieren sich also nach demselben Gesetz wie die Einzelwerte. Diese einfache Regel findet z. B. Anwendung bei der Umrechnung der x_i in andere Einheiten.

e) Ist die statistische Masse in zwei Teilmassen mit n_1 bzw. n_2 Elementen aufgeteilt, und sind $\bar{x}_1$ und $\bar{x}_2$ die arithmetischen Mittel dieser Teilmassen, so kann man daraus wie folgt das gesamte arithmetische Mittel $\bar{x}$ bestimmen:

$$\bar{x} = \frac{n_1}{n}\bar{x}_1 + \frac{n_2}{n}\bar{x}_2. \tag{2.23}$$

Dabei ist $n = n_1 + n_2$ der Gesamtumfang. Formel (2.23) lässt sich sofort auf den Fall von k Teilmassen mit den Umfängen $n_1, n_2, \ldots, n_k$ und den

[1] Kraft mal senkrechter Abstand der Wirkungslinie der Kraft zum Drehpunkt

arithmethischen Mitteln $\bar{x}_1, \bar{x}_2 \ldots, \bar{x}_k$ verallgemeinern:

$$\bar{x} = \frac{1}{n} \sum_{j=1}^{k} n_j \bar{x}_j \text{ mit } n = \sum_{j=1}^{k} n_j. \tag{2.24}$$

$\bar{x}$ ist also selbst wieder ein gewogenes arithmetisches Mittel der einzelnen $\bar{x}_j$.

Aufgaben

2.7 Bestimmen Sie aus der klassierten Häufigkeitstabelle von Aufgabe 2.4 a) mithilfe der Klassenmitten einen Näherungswert für das arithmetische Mittel $\bar{x}$. Vergleichen Sie diesen Wert mit dem direkt aus der Urliste berechneten exakten Wert $\bar{x} = 12{,}751$.

2.8 Beweisen Sie die Minimalitätseigenschaft (2.21) von $\bar{x}$.

2.9 Die zu drei Zeitpunkten gemessenen Temperaturen lauten $x_1 = 21$ °C, $x_2 = 25$ °C und $x_3 = 20$ °C. Berechnen Sie $\bar{x}$ sowie die drei Temperaturen y_1, y_2 und y_3 in der in Großbritannien und Nordamerika üblichen Einheit Fahrenheit (°F) mit der Umrechnungsformel

$$y = 32 + 1{,}8x, \ [x] = \ ^\circ\text{C}, \ [y] = \ ^\circ\text{F}.$$

Berechnen Sie daraus $\bar{y}$ und verifizieren Sie Formel (2.22).

2.10 In einem Studiengang studieren 120 Männer und 180 Frauen. Das Durchschnittsalter der Männer beträgt 23 Jahre, das der Frauen 22. Berechnen Sie das Durchschnittsalter aller Studierenden.

Zentralwert

Der **Zentralwert** (auch **Median** oder **50 %-Punkt**) ist der größte Konkurrent des arithmetischen Mittels. Er stellt in einem bestimmten Sinne ebenfalls einen „Mittelwert“ dar, ist jedoch nicht mit dem arithmetischen Mittel identisch!

Definition 2.7

> Der Zentralwert Z ist der mittlere Wert der **nach der Größe geordneten** Reihe der Merkmalsausprägungen.

Im Detail heißt das:

a) Aus der **Urliste**: Die x_i werden zunächst der Größe nach geordnet. Ist die Anzahl n der Werte ungerade, so gibt es stets ein mittleres Element. Ist sie gerade, fällt die Mitte in eine Lücke und man wählt für Z das arithmetische Mittel der beiden benachbarten Werte.

b) Aus der **unklassierten Häufigkeitstabelle**: Man sortiert die verschiedenen Merkmalsausprägungen a_j der Größe nach und berechnet die absoluten kumulierten Häufigkeiten H_j, bis zum ersten Mal der Wert $n/2$ erreicht oder überschritten wird. Wird er genau erreicht (selten), so ist Z das arithmetische Mittel der erreichten Merkmalsausprägung und der nächstfolgenden. Wird er überschritten, so ist Z die erreichte Merkmalsausprägung. Genauso gut kann man die kumulierten relativen Häufigkeiten berechnen, bis zum ersten Mal der Wert 0,5 erreicht oder überschritten wird.

c) Aus der **klassierten Häufigkeitstabelle**: Man berechnet die absoluten bzw. relativen kumulierten Häufigkeiten, bis zum ersten Mal der Wert $n/2$ bzw. 0,5 erreicht oder überschritten wird. Dies liefert die Einfallsklasse $[a_j; b_j)$, in der der Zentralwert liegen muss. Innerhalb dieser Klasse wird er mit linearer Interpolation wie in (2.14) bestimmt:

$$Z = a_j + \frac{n/2 - H_{j-1}}{H_j - H_{j-1}}(b_j - a_j) \text{ bzw.} \qquad (2.25)$$

$$Z = a_j + \frac{0{,}5 - F_{j-1}}{F_j - F_{j-1}}(b_j - a_j). \qquad (2.26)$$

Da es sich hierbei wegen des mit der Klassenbildung unvermeidbar verbundenen Informationsverlustes ohnehin nur um eine Schätzung handelt, kann man Z genauso gut grafisch aus der empirischen Verteilungsfunktion $F(x)$ bestimmen als den Wert Z mit $F(Z) = 0{,}5$. In Beispiel 2.10 c) wurde genau dies gemacht.

Beispiel 2.15

Man bestimme den Median Z für das Merkmal „Kinderzahl“ aus Beispiel 2.12.

Lösung: Die geordnete Reihe der x_i lautet 0, 1, 1, 1, 2, 2, 2, 3, 3, 4. Da es sich um zehn Werte handelt, liegt der Median zwischen dem fünften und dem sechsten Wert, also $Z = 2$ Kinder. Interpretation: Die Hälfte der statistischen Masse (Familien) hat zwei oder weniger, die andere Hälfte zwei oder mehr Kinder. Man beachte, dass Z und $\bar{x}$ verschieden sind. ■

Beispiel 2.16

Man bestimme den Median des Merkmals „Kinderzahl“ nochmals, diesmal aus der Häufigkeitstabelle von Beispiel 2.13:

Lösung:

a_j	h_j	H_j
0	1	1
1	3	4
2	3	7
3	2	9
4	1	10

Der Wert $n/2 = 5$ wird erstmals für $a_j = 2$ überschritten, also $Z = 2$. ∎

Beispiel 2.17

Berechnen Sie den Median für das Alter der Erwerbstätigen aus Beispiel 2.14.

Lösung:

Klasse K_j in Jahren	h_j	H_j
unter 20	252	252
20 bis unter 25	521	773
25 bis unter 30	634	1 407
30 bis unter 35	681	2 088
35 bis unter 45	1 553	3 641
45 bis unter 55	1 759	
55 bis unter 65	966	
65 oder mehr	151	
Σ	$n = 6\,517$	

Der Wert $n/2 = 3\,258{,}5$ wird zum ersten Mal überschritten in der Klasse der 35- bis 45-Jährigen. Also ist $a_j = 35$ Jahre, $b_j = 45$ Jahre, $H_j = 3\,641$ und $H_{j-1} = 2\,088$, und wir erhalten nach (2.25)

$$Z = 35\,\text{Jahre} + \frac{3\,258{,}5 - 2\,088}{3\,641 - 2\,088}(45\,\text{Jahre} - 35\,\text{Jahre}) = 42{,}5\,\text{Jahre}.$$

Man beachte, dass die nach oben offene letzte Klasse im Gegensatz zu $\bar{x}$ hier überhaupt keine Sonderbehandlung erfährt. ∎

Es stellt sich zwangsläufig die Frage, wie $\bar{x}$ und Z sich zueinander verhalten, denn offenbar kann man ja in vielen Fällen beide Lageparameter bilden und beide sinnvoll als „Mittel"-Werte interpretieren. Hierauf kann man keine allgemein gültige Antwort geben, wie das folgende Beispiel lehrt.

Beispiel 2.18

In einer Firma gebe es sieben Frauen und neun Männer. Die jährlichen Bruttoeinkommen (in 1000 €) der Frauen betragen 70, 70, 70, 80, 80, 80, 180, die der Männer 50, 60, 70, 80, 90, 90, 90, 90, 100. Man bestimme für beide Gruppen Median Z und arithmetisches Mittel $\bar{x}$.

Lösung:

Gruppe	Z	$\bar{x}$
Frauen	80	90
Männer	90	80

Wer ist nun reicher? Beide Aussagen „Die Frauen verdienen im Mittel mehr als die Männer" und „Die Männer verdienen im Mittel mehr als die Frauen" sind richtig! Das (konstruierte) Beispiel lässt sich unschwer auf ganze Volkswirtschaften übertragen (z. B. mittleres Einkommen von Berufsgruppen). Man kann also ohne direkte Lüge einmal die eine, einmal die andere Gruppe als ärmer (oder reicher) erscheinen lassen. Ursache hierfür ist, dass der Begriff „im Mittel" nicht präzise genug definiert ist. Das leicht lesbare Buch von Walter Krämer ([4]) bietet eine Fülle von Beispielen, wie Ergebnisse der Statistik manipuliert und selektiert werden können, um Aussagen mit vorgegebener Tendenz zu erzeugen. ∎

Einige wichtige Eigenschaften des Zentralwertes sind:

a) Z ist nach (2.13) nichts anderes als ein spezielles Quantil, nämlich das 50 %-Quantil.

b) Z kann im Gegensatz zu $\bar{x}$ auch noch von rein ordinalen Merkmalen gebildet werden (z. B. „Gefallen an einer Vorlesung"), nicht jedoch von nominalen. In diesem Sinne ist Z also eine „mächtigere" Maßzahl als $\bar{x}$.

c) Z ist unempfindlich gegenüber **Ausreißern**, das sind Messwerte, die weit weg von allen übrigen Werten liegen und manchmal durch Mess- oder Abschreibefehler entstehen. So drückt der Wert 180 bei den Frauen im letzten Beispiel zwar das arithmetische Mittel nach oben, beeinflusst den Zentralwert jedoch überhaupt nicht.

d) Der Begriff „Median" selbst kommt in der Umgangssprache praktisch nicht vor, dennoch wird er implizit häufig verwendet, z. B. in Aussagen wie „Die Hälfte der Abgeordneten im Parlament ist über 52 Jahre alt."

e) Auch der Median hat eine Optimalitätseigenschaft analog zu (2.21) beim arithmetischen Mittel: Wir legen diesmal als Gesamtstrafe für die Abweichungen fest

$$f(\lambda) := \sum_{i=1}^{n} |x_i - \lambda|. \tag{2.27}$$

Dann gilt:

$$\lambda = Z \Rightarrow f(\lambda) \text{ minimal}. \tag{2.28}$$

In Worten: **Der Zentralwert minimiert die Betragssumme der Abweichungen von den Einzelwerten.**

Aufgaben

2.11 Bestimmen Sie aus der klassierten Häufigkeitstabelle von Aufgabe 2.4 a) den Median Z mit linearer Interpolation in der Einfallsklasse. Vergleichen Sie Z mit $\bar{x} = 12{,}751$ und dem Näherungswert aus Aufgabe 2.7.

2.12 Gegeben sind die fünf Zahlen $x_1 = 1$, $x_2 = 3$, $x_3 = 6$, $x_4 = 12$ und $x_5 = 13$. Berechnen Sie den Zentralwert Z, skizzieren Sie die Funktion

$$f(\lambda) := \sum_{i=1}^{5} |x_i - \lambda|,$$

und zeigen Sie grafisch, dass f ein Minimum bei $\lambda = Z$ hat.

Häufigster Wert

Bei nominalen Merkmalen (Wohnort, Beruf, Haarfarbe, ...) lassen sich weder arithmetisches Mittel noch Median bilden. Um auch die Menge der Ausprägungen eines solchen Merkmals durch einen einzigen Wert zu charakterisieren, definiert man:

Definition 2.8

Der **häufigste Wert** oder **Modalwert** oder **Modus** ist diejenige Merkmalsausprägung mit der größten (absoluten oder relativen) Häufigkeit. Bei klassierten Daten ist die **Modalklasse** diejenige Klasse mit der größten Besetzungs**dichte**.

Beispiel 2.19

Eine Firma mit 300 Personal Computern ermittelt bei jedem PC das Alter und erhält folgende klassierte Häufigkeitstabelle:

von ... bis unter ... Jahren	Besetzungs-Zahl h_j	Besetzungs-Dichte h_j^*
0– 1	18	18
1– 2	34	34
2– 4	86	**43**
4– 6	66	33
6–10	96	24

Man ermittle die Modalklasse und zeichne das Histogramm.

Lösung: Modalklasse ist die Klasse mit der größten Dichte, also die der 2- bis 4-Jährigen (und nicht die der 6- bis 10-Jährigen!). Die Breiten der Balken im Histogramm sind die vorgegebenen Klassenbreiten, die Höhen die Dichten h_j^*: Der Modus ist also der Gipfel der Verteilung. Daher sagt man für eine eingipf-

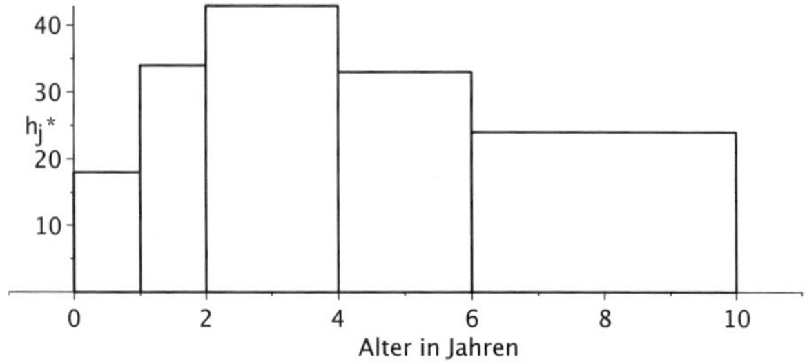

Bild 2.7: Unimodale Altersverteilung von 300 PCs

lige Verteilung auch **unimodale** Verteilung. Eine Häufigkeitsverteilung kann auch mehrere Gipfel (relative Maxima) haben. Bei zweien spricht man von einer **zweigipfligen** oder **bimodalen** Verteilung. ■

Im letzten Beispiel können wir wegen des quantitativen Merkmals „Alter" natürlich statt des Modus auch Zentralwert und arithmetisches Mittel ausrechnen und erhalten $Z = 4{,}36$ Jahre (lineare Interpolation in der Einfallsklasse), $\bar{x} = 4{,}72$ Jahre (Approximation durch die Klassenmitten) und Modalklasse = [2 Jahre; 4 Jahre). Hier gilt also

$$\text{Modalwert} < \text{Zentralwert} < \text{arithmetisches Mittel}.$$

Dies ist typisch für sogenannte **links-steile** unimodale Verteilungen wie in Bild 2.7. Fällt eine unimodale Verteilung nach rechts steiler ab, heißt sie **rechts-steile** Verteilung und es gilt dann

arithmetisches Mittel < Zentralwert < Modalwert.

Bei symmetrischen eingipfligen Verteilungen fallen alle drei Mittelwerte zusammen.

Geometrisches Mittel

Gegenüber dem arithmetischen Mittel ist beim **geometrischen Mittel** jede Rechenoperation um eine Stufe erhöht: Aus „addieren" wird „multiplizieren", aus „dividieren durch n" wird „n-te Wurzel ziehen":

Definition 2.9

Seien n positive Beobachtungswerte $x_1, x_2, \ldots, x_n$ gegeben. Dann ist das geometrische Mittel G gleich der n-ten Wurzel aus dem Produkt der x_i:

$$G := \sqrt[n]{x_1 \cdot x_2 \cdot \ldots \cdot x_n} = \left(\prod_{i=1}^{n} x_i \right)^{1/n} . \tag{2.29}$$

Bei der Berechnung von durchschnittlichen **Wachstumsfaktoren** oder **Verzinsungsfaktoren** (Anwendung: Bevölkerungsstatistik, Finanzmathematik u.v.m.) ist stets das geometrische Mittel anzuwenden. Dazu definieren wir

Definition 2.10

Sei $y_t > 0$ der Wert einer Größe in der Periode t (z. B. Umsatz, Einkommen, Ausgaben), $t = 0, 1, \ldots$ Dann ist der **Wachstumsfaktor** q_t von Periode $(t-1)$ auf t gleich

$$q_t := \frac{\text{Wert in Periode } t}{\text{Wert in Periode } (t-1)} = \frac{y_t}{y_{t-1}} \tag{2.30}$$

und die **Wachstumsrate** r_t von Periode $(t-1)$ auf t gleich

$$r_t := \frac{\text{Wertänderung von } (t-1) \text{ auf } t}{\text{Wert in Periode } (t-1)} = \frac{y_t - y_{t-1}}{y_{t-1}} = q_t - 1. \tag{2.31}$$

Für die Umrechnung von Wachstumsraten auf Wachstumsfaktoren gilt

$$q_t = r_t + 1. \tag{2.32}$$

Wachstumsfaktoren sind stets positiv, Wachstumsraten können auch negativ werden und werden häufig in Prozent angegeben.

Wir suchen den durchschnittlichen Wachstumsfaktor $\bar{q}$ von Periode 0 auf n. Für diesen muss gelten: Wenn y_0 insgesamt n-mal mit $\bar{q}$ multipliziert wird, kommt y_n heraus: $y_0 \cdot \bar{q}^n = y_n$. Damit erhalten wir

$$\bar{q}^n = \frac{y_n}{y_0} = \frac{y_1}{y_0} \cdot \frac{y_2}{y_1} \cdot \ldots \cdot \frac{y_n}{y_{n-1}} = q_1 q_2 \ldots q_n$$

oder

$$\bar{q} = \sqrt[n]{\frac{y_n}{y_0}} = \sqrt[n]{q_1 q_2 \ldots q_n}, \tag{2.33}$$

also gerade das geometrische Mittel der einzelnen Faktoren q_t. Wir fassen zusammen:

Satz 2.2

Gegeben seien n Wachstumsfaktoren q_t, $t = 1, \ldots, n$. Dann ist der durchschnittliche (mittlere) Wachtumsfaktor $\bar{q}$ das geometrische Mittel der einzelnen Wachstumsfaktoren:

$$\bar{q} = \sqrt[n]{q_1 q_2 \ldots q_n}. \tag{2.34}$$

Für die mittlere Wachstumsrate $\bar{r}$ gilt daher

$$\bar{r} = \bar{q} - 1. \tag{2.35}$$

Beispiel 2.20

Die von einer Maschine produzierten Stückzahlen y_t eines technischen Gerätes werden monatlich gemessen, man erhält die Werte $y_0 = 1\,000$, $y_1 = 1\,200$, $y_2 = 1\,500$ und $y_3 = 900$. Man bestimme die einzelnen Wachstumsfaktoren und Wachstumsraten sowie den mittleren Wachstumsfaktor und die mittlere Wachstumsrate.

Lösung:

t	y_t	q_t	r_t
0	1000	×	×
1	1200	1,20	+20 %
2	1500	1,25	+25 %
3	900	0,60	−40 %

Der mittlere Wachstumsfaktor beträgt $\bar{q} = \sqrt[3]{1{,}20 \cdot 1{,}25 \cdot 0{,}60} = 0{,}9655$, die mittlere Wachstumsrate also $\bar{r} = 0{,}9655 - 1 = -0{,}0345 = -3{,}45\,\%$. Man vergleiche damit das völlig falsche Ergebnis, das man mit dem arithmetischen Mittel der q_t errechnet hätte: $(1{,}20 + 1{,}25 + 0{,}60)/3 = 1{,}02$. Dieser Wert kann schon allein deswegen nicht stimmen, weil die Zahl 900 am Ende kleiner ist als die am Anfang, $\bar{q}$ muss also kleiner als 1 sein. ■

Mit den Mitteln der Analysis zeigt man: Das geometrische Mittel ist stets kleiner oder gleich dem arithmetischen Mittel. Gleichheit herrscht genau dann, wenn alle Beobachtungswerte gleich sind.

Aufgabe

2.13 Der Güterverkehr der Eisenbahnen eines Landes verzeichnet in drei aufeinanderfolgenden Jahren folgende Wachstumsraten, jeweils gegenüber dem Vorjahr: +1,17 %, −1,14 % und +6,77 %. Man berechne die mittlere (d. h. für alle drei Jahre konstante) Wachstumsrate $\bar{r}$.

2.5 Streuungsparameter

Stellen wir uns zwei Studierende Alice und Bob vor, die jeweils acht Einzelleistungen erbracht haben, aus denen eine Gesamtnote errechnet wird. Alice habe achtmal Note 3, Bob viermal Note 1 und viermal Note 5. Sowohl arithmetisches Mittel als auch Zentralwert sind bei beiden gleich 3, obwohl Alice und Bob sich in der „Konstanz“ ihrer Leistungen und damit der Verteilung der Noten völlig unterscheiden. Offenbar sind die Mittelwerte blind gegenüber der **Streuung** der Einzeldaten. Um die Mittelwerte sinnvoll zu ergänzen, benötigt man Maßzahlen, die etwas über die Abweichung der Einzeldaten vom Mittelwert aussagen, eben die **Streuungsparameter**. Wir besprechen im Einzelnen die **Spannweite**, den **Quartilsabstand**, die **Varianz**, die **Standardabweichung** und den **Variationskoeffizienten**.

Spannweite und Quartilsabstand

Definition 2.11

Gegeben seien n Einzelwerte $x_1, x_2, \ldots, x_n$. Die **Spannweite** R (von engl. „range") ist die Differenz zwischen größtem und kleinstem Wert:

$$R := x_{\max} - x_{\min}. \tag{2.36}$$

Der **Quartilsabstand** Q ist die Differenz zwischen dem 75 %-Quantil und dem 25 %-Quantil:

$$Q := x_{75\,\%} - x_{25\,\%}. \tag{2.37}$$

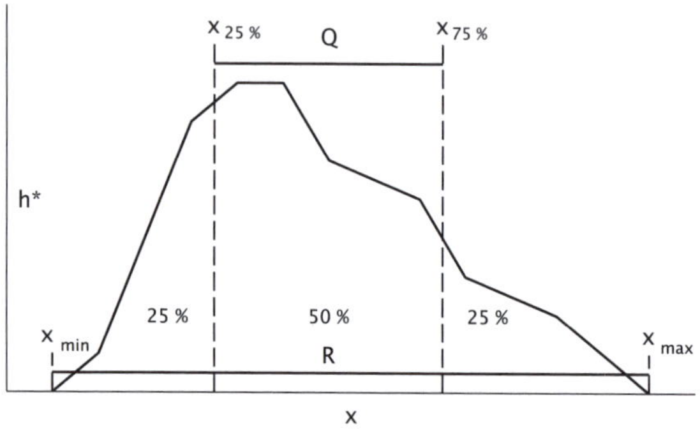

Bild 2.8: Spannweite R und Quartilsabstand Q

Zur Erinnerung: Das 25 %-Quantil $x_{25\,\%}$ ist nach (2.13) diejenige Merkmalsausprägung mit der Eigenschaft, dass 25 % der statistischen Masse einen Wert kleiner oder gleich $x_{25\,\%}$ haben. 25 %-Quantil und 75 %-Quantil heißen auch **Quartile**, da sie von der statistischen Masse jeweils 1/4 nach unten bzw. nach oben abtrennen. Der Quartilsabstand entsteht also anschaulich gesprochen dadurch, dass man die 25 % kleinsten und die 25 % größten Merkmalsausprägungen „wegwirft" und vom Rest die Spannweite nimmt. Dies ist deswegen sinnvoll, da bei der reinen Spannweite ein einziger Ausreißer den Wert von R beliebig in die Höhe treiben könnte. Beim Quartilsabstand wird das vermieden: Ausreißer nach oben oder unten werden einfach abgeschnitten. Man sagt auch: Der Quartilsabstand ist ein robusteres Streuungsmaß als die Spannweite, d. h., er reagiert nicht so empfindlich auf Ausreißer wie diese.

Beispiel 2.21

Acht Plastikteile werden auf ihre Bruchfestigkeit geprüft. Die folgenden Werte geben an, bei welcher Belastung (in kg) das jeweilige Teil zerbrochen ist: 20, 17, 18, 21, 19, 20, 14, 21. Man bestimme R und Q.

Lösung: Die geordnete Messreihe lautet 14, 17, 18, 19, 20, 20, 21, 21. Daraus entnehmen wir $R = 21\,\text{kg} - 14\,\text{kg} = 7\,\text{kg}$. Das 75 %-Quantil lautet 20 kg (75 % der statistischen Masse haben einen Wert kleiner oder gleich 20 kg), das 25 %-Quantil beträgt 17 kg, also ist $Q = 20\,\text{kg} - 17\,\text{kg} = 3\,\text{kg}$. Bei größeren klassierten Datenmengen werden die Quartile nach (2.14) berechnet. ■

Varianz und Standardabweichung

Spannweite und Quartilsabstand haben den Nachteil, dass sie im Grunde nur von zwei Merkmalsausprägungen abhängen, nämlich x_{max} und x_{min} bzw. $x_{75\,\%}$ und $x_{25\,\%}$. Was dazwischen passiert, hat auf R und Q keinen Einfluss. Die Suche nach einem „gerechteren" Streuungsmaß, welches **alle** x_i berücksichtigt, führt zu der

Definition 2.12

Die **empirische Varianz** s^2 der Daten $x_1, x_2, \ldots, x_n$ ist die Summe der Abweichungsquadrate der Einzelwerte von ihrem arithmetischen Mittel $\bar{x}$, geteilt durch $n - 1$.
Die **Standardabweichung** s ist die positive Quadratwurzel aus der Varianz.

In Formeln ausgedrückt heißt das:

a) Aus der **Urliste**:

$$s^2 = \frac{1}{n-1} \sum_{i=1}^{n} (x_i - \bar{x})^2. \tag{2.38}$$

Daraus erkennt man unmittelbar, dass die physikalische Einheit der Varianz gleich dem Quadrat der Einheit der Einzelwerte x_i ist. Man erhält so exotische Einheiten wie „Quadratsekunde" oder „Quadrateuro". Dies wird durch die Wahl von s als Streuungsmaß in Ordnung gebracht: s hat stets dieselbe Einheit wie die Einzelwerte.

Aus Formel (2.38) folgt sofort, dass stets

$$s^2 \geq 0$$

gelten muss, eine Eigenschaft, die im Übrigen alle Streuungsmaße besitzen. Außerdem ist

$$s^2 = 0 \Leftrightarrow \text{alle } x_i \text{ sind gleich.}$$

Für die praktische Berechnung von s^2 ist (2.38) ungeeignet, da zuerst $\bar{x}$ berechnet werden muss und dann die Reihe der x_i noch einmal zu durchlaufen ist zur Berechnung der Abweichungen. Ausrechnen der Quadrate unter der Summe (die stets für i von 1 bis n läuft) liefert

$$\begin{aligned} s^2 &= \frac{1}{n-1}\sum(x_i-\bar{x})^2 \\ &= \frac{1}{n-1}\left(\sum x_i^2 - 2\bar{x}\sum x_i + n\bar{x}^2\right) \\ &= \frac{1}{n-1}\left(\sum x_i^2 - 2\bar{x}n\bar{x} + n\bar{x}^2\right) \\ &= \frac{1}{n-1}\left(\sum x_i^2 - n\bar{x}^2\right). \end{aligned} \tag{2.39}$$

Mit nur einem Durchlauf durch die Messreihe können wir simultan $\sum x_i^2$ und $\sum x_i$ berechnen und daraus $\bar{x}$ und s^2 (siehe Beispiel 2.22).

b) Aus der **unklassierten Häufigkeitstabelle**:

$$s^2 = \frac{1}{n-1}\sum_{j=1}^{m}(a_j-\bar{x})^2 h_j, \tag{2.40}$$

wobei m die Anzahl der **verschiedenen** Merkmalsausprägungen a_j bezeichnet und h_j die absoluten Häufigkeiten. Für die praktische Berechnung eleganter ist wieder die Umformung

$$s^2 = \frac{1}{n-1}\left(\sum_{j=1}^{m} a_j^2 h_j \; - n\bar{x}^2\right). \tag{2.41}$$

c) Aus der **klassierten Häufigkeitstabelle**: s^2 kann nicht exakt bestimmt werden, in (2.41) ersetzen wir die a_j durch die Klassenmitten m_j, wobei $\bar{x}$ nach (2.17) ebenfalls mittels der m_j geschätzt werden muss:

$$s^2 \approx \frac{1}{n-1}\sum_{j=1}^{m} m_j^2 h_j \; - \frac{1}{n(n-1)}\left(\sum_{j=1}^{m} m_j h_j\right)^2. \tag{2.42}$$

Beispiel 2.22

Man bestimme arithmetisches Mittel, Varianz und Standardabweichung für die Bruchbelastungen in Beispiel 2.21.

Lösung: Wir verwenden (2.39):

i	1	2	3	4	5	6	7	8	Σ
x_i	20	17	18	21	19	20	14	21	150
x_i^2	400	289	324	441	361	400	196	441	2 852

Daraus errechnen wir

$$\begin{aligned} \bar{x} &= \frac{1}{8} \cdot 150\,\text{kg} = 18{,}75\ \text{kg}, \\ s^2 &= \frac{1}{7}\left(2\,852 - 8 \cdot 18{,}75^2\right)\,\text{kg}^2 = 5{,}64\ \text{kg}^2, \\ s &= 2{,}37\,\text{kg}. \ \blacksquare \end{aligned}$$

Bemerkungen zur Varianz:

a) Auch die Varianz hat eine physikalische Interpretation (vgl. die Schwerpunktseigenschaft des arithmetischen Mittels): In der Physik (siehe z. B. [6]) wird das **Trägheitsmoment** J einer endlichen diskreten Masseverteilung definiert als

$$J = \sum_{i=1}^{n} r_i^2 \cdot m_i,$$

wobei die m_i punktförmige Massen mit Abstand r_i vom Drehpunkt sind. J spielt für die Drehbewegung dieselbe Rolle wie die Masse bei einer Translation (linearen Bewegung): Es gilt nämlich

$$\text{Drehmoment} = \text{Trägheitsmoment} \cdot \text{Winkelbeschleunigung}.$$

Das Trägheitsmoment J ist also interpretierbar als Widerstand, den die Masseverteilung dem Versuch entgegensetzt, sie in Drehung zu versetzen. Wählen wir als Masseverteilung wieder einen langen dünnen Stab, auf dem an Position x_i die Masse $1/(n-1)$ punktförmig aufliegt für $i = 1, \ldots, n$, so gilt für das Trägheitsmoment bezüglich der Drehung um den Schwerpunkt $\bar{x}$:

$$J = \sum_{i=1}^{n} r_i^2 \cdot m_i = \sum_{i=1}^{n} (x_i - \bar{x})^2 \cdot \frac{1}{n-1} = s^2.$$

Die Varianz ist also gleich dem Trägheitsmoment des Stabes bei Drehung um den Schwerpunkt. Anschaulich ist auch klar: Je enger die x_i um den Schwerpunkt herum liegen, desto kleiner ist die Varianz und desto leichter ist auch der Stab in Drehung zu versetzen.

b) Verhalten der Varianz bei linearer Transformation: sei $y_i := a + bx_i$ mit festen Zahlen a und b. Nach (2.22) ist $\bar{y} = a+b\bar{x}$. Daher folgt für die Varianzen

$$\begin{aligned} s_y^2 &= \frac{1}{n-1}\sum(y_i - \bar{y})^2 = \frac{1}{n-1}\sum(a + bx_i - a - b\bar{x})^2 \\ &= \frac{1}{n-1}b^2\sum(x_i - \bar{x})^2 = b^2 s_x^2 \end{aligned} \qquad (2.43)$$

und für die Standardabweichungen

$$s_y = |b| s_x. \qquad (2.44)$$

Das heißt, Varianz und Standardabweichung sind unempfindlich gegenüber Verschiebungen (hier: um a), reagieren aber auf Multiplikation der Messwerte (hier: mit b).

c) Dass man bei der Definition der Varianz durch $n-1$ und nicht, wie zunächst sicher näher liegt, durch n dividiert, hat einen Grund, der erst in der schließenden Statistik im Abschnitt 4.2 erläutert werden wird. Manche Autoren (z. B. [3]) definieren auch in der Tat im Rahmen der beschreibenden Statistik ein Streuungsmaß

$$\sigma^2 := \frac{1}{n}\sum_{i=1}^{n}(x_i - \bar{x})^2,$$

welches als **mittlere quadratische Abweichung** der Einzelwerte von ihrem arithmetischen Mittel bezeichnet wird. Wir dividieren aber auch in der beschreibenden Statistik durch $n-1$, um die Verwirrung möglichst gering zu halten.

Aufgabe

2.14 Man ermittle näherungsweise arithmetisches Mittel $\bar{x}$, Quartilsabstand Q, empirische Varianz s^2 und Standardabweichung s für das Merkmal „Alter“ bei den 300 PCs von Beispiel 2.19.

Variationskoeffizient

Der **Variationskoeffizient** gehört zu den sogenannten relativen Streuungsmaßen und drückt die Standardabweichung s in Einheiten von $\bar{x}$ aus:

Definition 2.13

> Seien die Merkmalsausprägungen $x_i > 0$. Der **Variationskoeffizient** V ist das Verhältnis von Standardabweichung s zu arithmetischem Mittel $\bar{x}$:
>
> $$V := \frac{s}{\bar{x}}. \tag{2.45}$$

V ist dimensionslos und wird, wie bei dimensionslosen Größen üblich, meist in % ausgedrückt. Der Grund für die Einführung von V ist die Beobachtung, dass die Standardabweichung allein oft nicht viel aussagt. Der gleiche Wert von s kann relativ klein erscheinen, wenn $\bar{x}$ groß ist, oder relativ groß, wenn $\bar{x}$ klein ist, wie das folgende Beispiel zeigt.

Beispiel 2.23

Ein bestimmter Artikel A wird von fünf Händlern angeboten zu den Preisen 5, 7, 6, 7, 5. Artikel B wird ebenfalls von allen fünf Händlern angeboten zu den Preisen 50, 52, 51, 52, 50. Man ermittle für A und B jeweils $\bar{x}$, s und V.

Lösung: $\bar{x}_A = 6$, $\bar{x}_B = 51$, $s_A = s_B = \sqrt{1} = 1$. Die Standardabweichungen der beiden Messreihen sind offensichtlich gleich, da die Reihe B aus A durch Verschiebung um $+45$ hervorgeht. Für die Variationskoeffizienten gilt jedoch:

$$V_A = \frac{1}{6} = 16{,}67\,\%, \quad V_B = \frac{1}{51} = 1{,}96\,\%.$$

Die statistische Masse B hat somit eine kleinere relative Standardabweichung, ist also homogener als die statistische Masse A. ■

Aufgabe

2.15 Die Monatsgehälter x_i der Beschäftigten einer Firma haben das arithmetische Mittel $\bar{x} = 5\,000$ € und die Standardabweichung $s_x = 1\,000$ €. Wie verändern sich $\bar{x}$, s_x und V_x, wenn man

a) jedes Gehalt um 100 € erhöht,

b) jedes Gehalt um 2 % erhöht?

2.6 Zweidimensionale Häufigkeitsverteilungen

In diesem Abschnitt betrachten wir bei einer statistischen Masse **zwei** Merkmale X und Y und die damit verbundenen Besonderheiten. Beispielsweise können wir bei Menschen die Merkmale „Alter" und „Größe" erheben, oder bei Werkstücken „Durchmesser" und „Masse". Diese zweidimensionale Datenmenge liegt zunächst als Urliste vor und kann in eine zweidimensionale Häufigkeitstabelle überführt und auch grafisch dargestellt werden.

Urliste, Häufigkeitstabelle und Streudiagramm

Die **Urliste** gibt zu jedem statistischen Element i die beiden Merkmalsausprägungen x_i von X und y_i von Y an nach folgendem Schema:

Element Nr.	1	2	...	i	...	n
Ausprägung von X	x_1	x_2	...	x_i	...	x_n
Ausprägung von Y	y_1	y_2	...	y_i	...	y_n

Bei größeren Datenmengen ist es aus Gründen der Übersichtlichkeit wieder sinnvoll, alle Elemente zusammenzufassen, die in beiden Ausprägungen übereinstimmen. Wir erhalten so eine **zweidimensionale Häufigkeitstabelle**, auch **Kontingenztafel** genannt. Dabei bezeichnen die a_j, $j = 1, \ldots, l$, die verschiedenen Ausprägungen von X, die b_k, $k = 1, \ldots, m$, die verschiedenen Ausprägungen von Y:

		Y						Verteilung von X
		b_1	b_2	...	b_k	...	b_m	
	a_1	h_{11}	h_{12}	...	h_{1k}	...	h_{1m}	$h_{1\cdot}$
	a_2	h_{21}	h_{22}	...	h_{2k}	...	h_{2m}	$h_{2\cdot}$
	$\vdots$	$\vdots$	$\vdots$		$\vdots$		$\vdots$	$\vdots$
X	a_j	h_{j1}	h_{j2}	...	h_{jk}	...	h_{jm}	$h_{j\cdot}$
	$\vdots$	$\vdots$	$\vdots$		$\vdots$		$\vdots$	$\vdots$
	a_l	h_{l1}	h_{l2}	...	h_{lk}	...	h_{lm}	$h_{l\cdot}$
Vert. von Y		$h_{\cdot 1}$	$h_{\cdot 2}$	...	$h_{\cdot k}$	...	$h_{\cdot m}$	n

Es gilt die in der Matrizenrechnung übliche Konvention für Doppelindizes: Der erste Index bezeichnet die Zeile, der zweite die Spalte. h_{jk} steht also in Zeile j, Spalte k, und es gilt somit

$$h_{jk} = \text{Anzahl Elemente mit } (X = a_j) \text{ und } (Y = b_k). \qquad (2.46)$$

Die Werte am rechten und unteren Rand der Tabelle werden als **Randhäufigkeiten** bezeichnet. Sie geben die Häufigkeitsverteilungen von X allein bzw. Y allein an. $h_{j\cdot}$ ist die Summe über die Zeile j, dagegen $h_{\cdot k}$ die Summe über die Spalte k:

$$h_{j\cdot} = \text{Anzahl Elemente mit } (X = a_j) = \sum_{k=1}^{m} h_{jk} \quad \text{und} \tag{2.47}$$

$$h_{\cdot k} = \text{Anzahl Elemente mit } (Y = b_k) = \sum_{j=1}^{l} h_{jk}. \tag{2.48}$$

Die Summe aller Randhäufigkeiten muss jeweils gleich n sein:

$$\sum_{j=1}^{l} h_{j\cdot} = \sum_{k=1}^{m} h_{\cdot k} = n. \tag{2.49}$$

Bei stetigen Merkmalen und großem Umfang n können anstelle der a_j und b_k wieder Klassen K_j und L_k von Merkmalsausprägungen treten.

Die der zweidimensionalen Urliste angemessene grafische Darstellung von quantitativen Daten ist das **Streudiagramm**, aus nahe liegenden Gründen auch **Punktwolke** genannt: Jedes Paar von Ausprägungen (x_i, y_i) wird dabei als Punkt in einem (x, y)-Koordinatensystem repräsentiert.

Beispiel 2.24

Bei zwölf Kraftfahrzeugen eines Fuhrparks werden die Merkmale „Alter" (in Jahren) und „gefahrene Kilometer" (in 1 000 km) erhoben. Es ergibt sich folgende Urliste:

Nr.	Alter in Jahren	Strecke in 1 000 km	Nr.	Alter in Jahren	Strecke in 1 000 km
1	1,5	30	7	1,8	21
2	5,2	68	8	4,2	112
3	4,5	90	9	6,2	230
4	0,5	12	10	3,6	120
5	2,4	100	11	2,5	56
6	2,6	62	12	5,1	109

Man erstelle das dazugehörige Streudiagramm.

Lösung: Deutlich ist ein Zusammenhang erkennbar: Ältere Autos haben offenbar mehr gefahrene Kilometer, was plausibel ist. Man kann jedoch keine

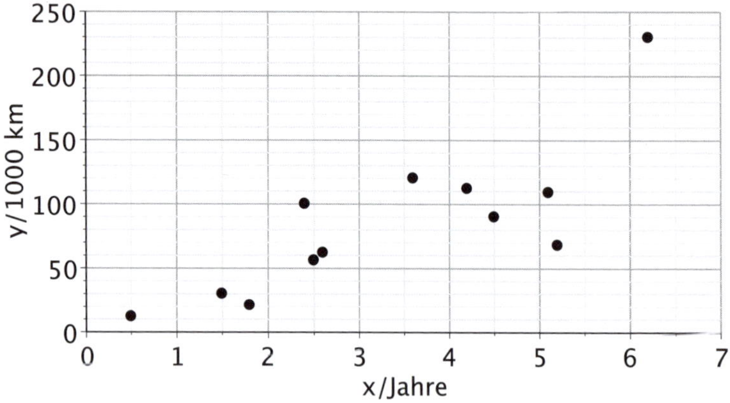

Bild 2.9: Streudiagramm für Alter und gefahrene Kilometer

allgemein gültige Formel angeben, mit deren Hilfe sich die gefahrenen Kilometer aus dem Alter ausrechnen lassen. Es gibt also wohl einen Zusammenhang, aber keine **funktionale Abhängigkeit** zwischen den beiden Merkmalen. ■

Arithmetisches Mittel und Varianz

Arithmetische Mittel und Varianzen für die einzelnen Merkmale X und Y werden wie in (2.15) bzw. (2.38) erklärt, wobei lediglich darauf zu achten ist, dass bei der Berechnung dieser Maßzahlen aus der zweidimensionalen Häufigkeitstabelle die entsprechenden Randhäufigkeiten $h_{j\cdot}$ bzw. $h_{\cdot k}$ einzusetzen sind:

Urliste aus HK-Tabelle

$$\bar{x} = \frac{1}{n}\sum_{i=1}^{n} x_i = \frac{1}{n}\sum_{j=1}^{l} a_j h_{j\cdot}, \tag{2.50}$$

$$\bar{y} = \frac{1}{n}\sum_{i=1}^{n} y_i = \frac{1}{n}\sum_{k=1}^{m} b_k h_{\cdot k}, \tag{2.51}$$

$$s_x^2 = \frac{1}{n-1}\sum_{i=1}^{n}(x_i - \bar{x})^2 = \frac{1}{n-1}\sum_{j=1}^{l}(a_j - \bar{x})^2 h_{j\cdot}, \tag{2.52}$$

$$s_y^2 = \frac{1}{n-1}\sum_{i=1}^{n}(y_i - \bar{y})^2 = \frac{1}{n-1}\sum_{k=1}^{m}(b_k - \bar{y})^2 h_{\cdot k}. \tag{2.53}$$

Kovarianz

Die wirklich neue Maßzahl, an der beide Messreihen gleichzeitig beteiligt sind, ist die **Kovarianz**.

Definition 2.14

> Die (empirische) **Kovarianz** der Wertepaare $(x_1, y_1), (x_2, y_2), \ldots, (x_n, y_n)$ ist erklärt durch
>
> $$\operatorname{Cov}(X, Y) = s_{xy} = \frac{1}{n-1} \sum_{i=1}^{n} (x_i - \bar{x})(y_i - \bar{y}). \tag{2.54}$$
>
> Ihre Einheit ist das Produkt der Einheiten der x_i und der y_i.

Man beachte, dass das Formelzeichen für die Kovarianz s_{xy} lautet und nicht etwa (wie bei der Varianz) s_{xy}^2. Dies wäre auch sicherlich nicht sinnvoll, da die Kovarianz auch negativ werden kann, wie wir gleich sehen werden.

Für die praktische Berechnung mit Taschenrechner ist wieder die Umformung

$$s_{xy} = \frac{1}{n-1} \left(\sum_{i=1}^{n} x_i y_i - n\bar{x}\bar{y} \right) \tag{2.55}$$

effizienter, die man durch Ausmultiplizieren der Klammern unter der Summe in (2.54) erhält.

Die Kovarianz lässt sich auch leicht aus der zweidimensionalen Häufigkeitstabelle errechnen:

$$s_{xy} = \frac{1}{n-1} \left(\sum_{j=1}^{l} \sum_{k=1}^{m} a_j b_k h_{jk} - n\bar{x}\bar{y} \right). \tag{2.56}$$

Um die Kovarianz auch inhaltlich zu verstehen, ist dagegen die Darstellung (2.54) am besten geeignet. Wir verwenden zur Illustration die Daten von Beispiel 2.24 mit den Lebensdauern und gefahrenen Kilometern von zwölf Kraftfahrzeugen und legen durch das Streudiagramm neue Koordinatenachsen, die genau durch $\bar{x}$ und $\bar{y}$ hindurchgehen (in Bild 2.10 gestrichelt). Dadurch wird das Streudiagramm in vier Quadranten eingeteilt, die folgende Eigenschaften haben:

- In I liegen die Punkte mit $x_i > \bar{x}$ und $y_i > \bar{y}$, in III die Punkte mit $x_i < \bar{x}$ und $y_i < \bar{y}$. In I und III gilt also: $(x_i - \bar{x})(y_i - \bar{y}) > 0$.

- In II liegen die Punkte mit $x_i < \bar{x}$ und $y_i > \bar{y}$, in IV die Punkte mit $x_i > \bar{x}$ und $y_i < \bar{y}$. In II und IV gilt also: $(x_i - \bar{x})(y_i - \bar{y}) < 0$.

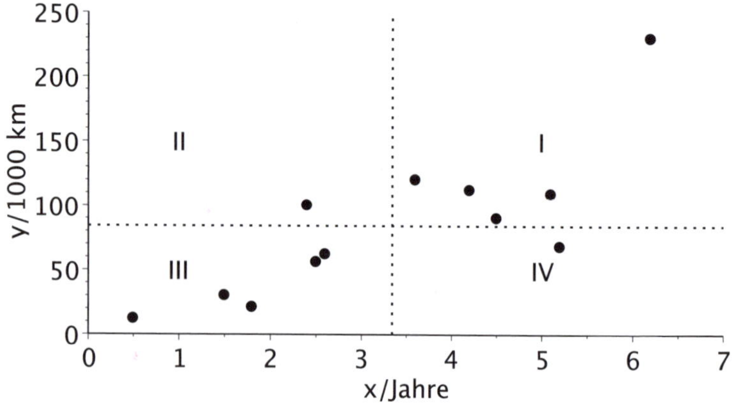

Bild 2.10: Zur Motivation der Kovarianz

Daraus folgt:

- Ist die Kovarianz **positiv**, so überwiegen die Punkte mit den positiven Beiträgen, also die in Quadranten III und I. Die Punktwolke verläuft dann von **links unten nach rechts oben** (wie in Bild 2.10): Große x_i sind mit großen y_i gekoppelt, kleine x_i mit kleinen y_i. Wir sprechen von einer **positiven Korrelation**[1] zwischen den beiden Messreihen oder Merkmalen.
- Ist die Kovarianz **negativ**, so überwiegen die Punkte mit den negativen Beiträgen, also die in Quadranten II und IV. Die Punktwolke verläuft dann von **links oben nach rechts unten**: Große x_i sind mit kleinen y_i gekoppelt, kleine x_i mit großen y_i. Wir sprechen von einer **negativen Korrelation**.

Die Kovarianz ist also ein Maß für die **Richtung des Zusammenhangs** der Merkmale X und Y. Sie kann jeden reellen Wert annehmen. Zwischen der Kovarianz und den beiden Standardabweichungen kann man folgende wichtige generelle Beziehung herleiten.

[1] von lat. für „Wechselbeziehung“

Satz 2.3

Gegeben seien die n Wertepaare $(x_1, y_1), (x_2, y_2), \ldots, (x_n, y_n)$ mit den Standardabweichungen s_x und s_y und der Kovarianz s_{xy}. Dann gilt: Die Kovarianz ist dem Betrage nach höchstens so groß wie das Produkt der Standardabweichungen,

$$|s_{xy}| \leq s_x s_y, \tag{2.57}$$

und die obere Grenze wird genau dann erreicht, wenn zwischen den x_i und den y_i eine **perfekte lineare Abhängigkeit** besteht,

$$|s_{xy}| = s_x s_y \Leftrightarrow y_i = a + bx_i \tag{2.58}$$

mit irgendwelchen festen Zahlen a und b.

Beispiel 2.25

Man berechne s_x, s_y und s_{xy} für die Daten in Beispiel 2.24 und verifiziere die Ungleichung (2.57).

Lösung: Wir verwenden die Formeln (2.39) und (2.55) sowie das folgende naheliegende Rechenschema:

i	Alter x_i	Strecke y_i	x_i^2	y_i^2	$x_i y_i$
1	1,5	30	2,25	900	45,0
2	5,2	68	27,04	4 624	353,6
3	4,5	90	20,25	8 100	405,0
4	0,5	12	0,25	144	6,0
5	2,4	100	5,76	10 000	240,0
6	2,6	62	6,76	3 844	161,2
7	1,8	21	3,24	441	37,8
8	4,2	112	17,64	12 544	470,4
9	6,2	230	38,44	52 900	1 426,0
10	3,6	120	12,96	14 400	432,0
11	2,5	56	6,25	3 136	140,0
12	5,1	109	26,01	11 881	555,9
Σ	40,1	1 010	166,85	122 914	4 272,9

Daraus errechnen wir

$$\bar{x} = \frac{40{,}1}{12} = 3{,}3417, \quad \bar{y} = \frac{1010}{12} = 84{,}1667,$$

$$s_x = \sqrt{\frac{1}{11}(166{,}85 - 12 \cdot 3{,}3417^2)} = 1{,}7281, \tag{2.59}$$

$$s_y = \sqrt{\frac{1}{11}(122\,914 - 12 \cdot 84{,}1667^2)} = 58{,}7024, \tag{2.60}$$

$$s_{xy} = \frac{1}{11}(4\,272{,}9 - 12 \cdot 3{,}3417 \cdot 84{,}1667) \tag{2.61}$$

$$= 81{,}6197.$$

In der Tat ist $s_{xy} = 81{,}6197 < 101{,}4429 = s_x s_y$. Die Kovarianz s_{xy} ist wie erwartet positiv: Zwischen Alter und gefahrenen Kilometern besteht ein positiver Zusammenhang. ■

Die folgenden beiden Abschnitte beschäftigen sich mit zwei Fragestellungen im Zusammenhang mit zwei Merkmalen X und Y:

- Gibt es einen Zusammenhang zwischen X und Y, und wie stark ist er ausgeprägt? Maßzahlen für die **Stärke** des Zusammenhangs liefert die **Korrelationsrechnung**, die X und Y als völlig gleichberechtigt behandelt.
- Gibt es einen kausalen, d. h. ursächlichen Zusammenhang zwischen X und Y? Wenn ja, ist dann X für Y oder Y für X verantwortlich? Wie sieht diese Abhängigkeit aus (z. B. linear, quadratisch, ...). Mit der **Art** des Zusammenhangs beschäftigt sich die **Regressionsrechnung**.

Aufgabe

2.16 Bei $n = 120$ Studierenden eines Semesters wurden die Merkmale „Klausurnote in Physik" und „Klausurnote in Mathematik" erfasst und in der folgenden zweidimensionalen Häufigkeitstabelle wiedergegeben. Berechnen Sie daraus $\bar{x}$, $\bar{y}$, s_x, s_y und s_{xy}.

		Physik Y					
		1	2	3	4	5	$h_{j.}$
Math. X	1	8	6	1	–	–	15
	2	10	8	3	–	–	21
	3	–	12	8	4	–	24
	4	–	2	17	8	7	34
	5	–	–	–	11	15	26
$h_{.k}$		18	28	29	23	22	120

2.7 Korrelationsrechnung

Die Kovarianz s_{xy} ist zwar ein Maß für die Richtung des Zusammenhangs von X und Y, jedoch als Maß für die Stärke des Zusammenhangs offenbar völlig ungeeignet, da sie von den verwendeten physikalischen Einheiten der Merkmale X und Y abhängt: So erhielten wir in (2.61) als Kovarianz zwischen den Merkmalen „Alter" und „gefahrene Strecke" den Wert $s_{xy} = 81{,}62$, wobei wir X in Jahren und Y in 1 000 km ausgedrückt haben. Würden wir Y in km messen, hätte die Kovarianz den 1 000-fachen Wert $s_{xy} = 81\,620$. Ja, durch geeignete Wahl von (evtl. neu zu definierenden) Einheiten könnten wir sogar jede beliebig vorgegebene positive reelle Zahl als Kovarianz immer derselben Datenmenge erzwingen, der Wert der Kovarianz lässt sich also überhaupt nicht sinnvoll interpretieren. Dies wird in Ordnung gebracht, indem man die Kovarianz s_{xy} durch die Standardabweichungen dividiert und so die Einheiten herauskürzt:

Definition 2.15

Gegeben seien die n quantitativen Wertepaare $(x_1, y_1), (x_2, y_2), \ldots, (x_n, y_n)$, wobei nicht alle x_i gleich sind und nicht alle y_i gleich. Der (empirische) **Korrelationskoeffizient** r_{xy} der Wertepaare ist definiert durch

$$r_{xy} := \frac{s_{xy}}{s_x s_y} = \frac{\sum_{i=1}^{n}(x_i - \bar{x})(y_i - \bar{y})}{\sqrt{\sum_{i=1}^{n}(x_i - \bar{x})^2 \sum_{i=1}^{n}(y_i - \bar{y})^2}}. \tag{2.62}$$

Das **Bestimmtheitsmaß** B_{xy} der Wertepaare ist das Quadrat des Korrelationskoeffizienten:

$$B_{xy} = r_{xy}^2. \tag{2.63}$$

Die Größe r_{xy} wird auch manchmal **Pearsonscher[1] Korrelationskoeffizient** genannt, um sie von anderen Zusammenhangsmaßen zu unterscheiden. B_{xy} und r_{xy} sind dimensionslose Größen. Die in der Definition genannte Voraussetzung ist bei realistischen Messreihen immer erfüllt und sorgt dafür, dass in (2.62) nicht durch 0 dividiert wird. Aus (2.57) und (2.58) folgt sofort

[1] Karl Pearson, 1857–1936, engl. Mathematiker, Mitbegründer der modernen Statistik

Satz 2.4

Der Korrelationskoeffizient r_{xy} kann nur Werte zwischen -1 und $+1$ annehmen: $-1 \leq r_{xy} \leq +1$.
Weiter gilt

$$r_{xy} = +1 \quad \Leftrightarrow \quad y_i = a + bx_i \text{ mit } b > 0 \text{ und}$$
$$r_{xy} = -1 \quad \Leftrightarrow \quad y_i = a + bx_i \text{ mit } b < 0.$$

Für das Bestimmtheitsmaß gilt: $0 \leq B_{xy} \leq 1$.

Ist $r_{xy} = +1$ bzw. $r_{xy} = -1$, so bedeutet dies, dass die Punkte (x_i, y_i) auf einer Geraden mit positiver bzw. negativer Steigung liegen. Ist r_{xy} nahe bei $+1$ oder -1, so liegen die Punkte „fast" auf einer Geraden, weichen also nur geringfügig von einer Geraden ab. Wir sagen dann, X und Y sind **stark positiv** bzw. **stark negativ** korreliert. Im Falle $r_{xy} = 0$ ist überhaupt kein linearer Zusammenhang nachweisbar, X und Y heißen dann **unkorreliert**.

Beispiel 2.26

Man berechne r_{xy} und B_{xy} für die Daten aus Beispiel 2.24 (Alter und gefahrene Kilometer von Kraftfahrzeugen).

Lösung: Aus (2.59), (2.60) und (2.61) entnehmen wir

$$r_{xy} = \frac{81{,}62}{1{,}7280 \cdot 58{,}7023} = +0{,}8046 \text{ und}$$
$$B_{xy} = 0{,}8046^2 = 0{,}6474.$$

Zwischen den Merkmalen „Alter" und „gefahrene Kilometer" besteht also ein deutlich ausgeprägter positiver linearer Zusammenhang. ■

Zusammenfassend gilt: r_{xy} ist nicht nur ein Maß für die **Richtung** des Zusammenhangs zwischen X und Y, sondern gleichzeitig ein Maß für die **Stärke des linearen Zusammenhanges** zwischen X und Y. B_{xy} ist etwas weniger aussagekräftig als r_{xy}, da das Vorzeichen und damit die Information über die Richtung des Zusammenhangs verloren gegangen sind. B_{xy} ist ein Maß dafür, wie gut die Messwerte (x_i, y_i) durch eine Gerade bestimmt werden, nämlich von „gar nicht" ($B_{xy} = 0$) bis „perfekt" ($B_{xy} = 1$).

Wir illustrieren die Bedeutung von r_{xy} an einigen (konstruierten) Messreihen.

Beispiel 2.27

Gegeben sei die Messreihe $\vec{x} = (1, 2, 3, 4, 5)$. Man berechne den Korrelationskoeffizienten r_{xy} für jede der folgenden y-Reihen und zeichne die Streudiagramme:

a) $\vec{y} = (5, 7, 9, 11, 13)$; b) $\vec{y} = (5, 7, 8, 11, 12)$;
c) $\vec{y} = (6, 3, 8, 5, 6)$; d) $\vec{y} = (6, 3, 8, 5, 4)$;
e) $\vec{y} = (9, 8, 7, 4, 2)$; f) $\vec{y} = (10, 8, 6, 4, 2)$.

Lösung: Die Bilder 2.11, 2.12 und 2.13 zeigen die Werte von r_{xy} sowie den Verlauf der Punktwolken. Im Fall a) liegen die Punkte auf der Geraden $y = 3 + 2x$ und im Fall f) auf der Geraden $y = 12 - 2x$, in allen anderen Fällen schwanken sie mehr oder weniger um eine (gedachte) Gerade. ■

Die folgenden Bemerkungen sollen helfen, Missverständnisse bei der Interpretation von r_{xy} zu vermeiden:

a) r_{xy} sagt **nichts** aus über die **Größe der Steigung** der Geraden, die den linearen Zusammenhang angibt. Also kann man z. B. aus $r_{xy} = +0{,}98$ nur entnehmen, dass die Punkte fast auf einer Geraden mit positiver Steigung liegen, nicht jedoch, ob diese Gerade flach oder steil ansteigt.

b) Im Falle $r_{xy} = 0$ sind die Merkmale X und Y unkorreliert. Dies heißt aber **nicht**, dass sie keinen Zusammenhang hätten, sondern nur, dass sie **keinen linearen** Zusammenhang haben. Aufgabe 2.17 zeigt, dass sogar zwei Messreihen, zwischen denen die stärkste Form von Abhängigkeit besteht, nämlich eine funktionale Abhängigkeit, unkorreliert sein können.

c) Aus der Tatsache, dass r_{xy} nahe bei $+1$ oder -1 liegt, folgt lediglich, dass die beiden Merkmale stark **korrelieren**, man darf aber nicht den Fehler begehen und daraus schließen, dass zwischen X und Y auch ein **kausaler** (ursächlicher) Zusammenhang besteht in dem Sinne, dass X für Y ursächlich verantwortlich ist oder umgekehrt. Dies kann wohl der Fall sein, z. B. wenn wir Spannung und Stromstärke an einem ohmschen Widerstand messen (die Spannung ist die Ursache für den Stromfluss), häufig jedoch haben wir es mit einer oder mehreren (evtl. gar nicht bekannten) Größen im Hintergrund zu tun, die sowohl X als auch Y steuern. Man hat dann den Eindruck, als bestehe zwischen X und Y eine kausale Beziehung, was aber gar nicht der Fall ist. Dieses Phänomen ist sehr häufig und wird in der Literatur als **Scheinkorrelation** (besser wäre wohl „Scheinkausalität“) bezeichnet. Es liegt den Daten in Aufgabe 2.16 zugrunde: Man kann weder sagen, dass die Physiknote so gut ist, **weil** auch die Mathematiknote gut ist, noch umgekehrt. Vielmehr stecken hier weitere Merkmale im Hintergrund (denkbar wären etwa „Lerneifer“, „Begeisterung“ oder „Intelligenz“), die dafür ursächlich verantwortlich sind, dass

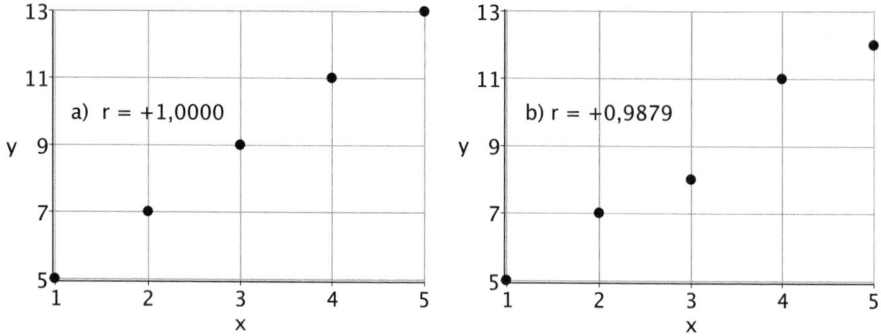

Bild 2.11: a) perfekt positive und b) stark positive Korrelation

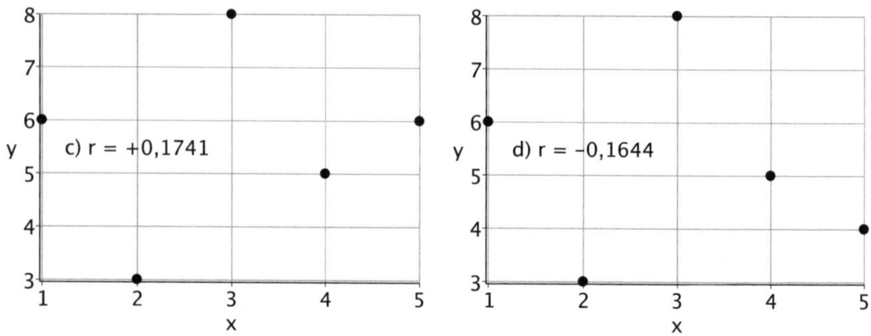

Bild 2.12: c) schwach positive und d) schwach negative Korrelation

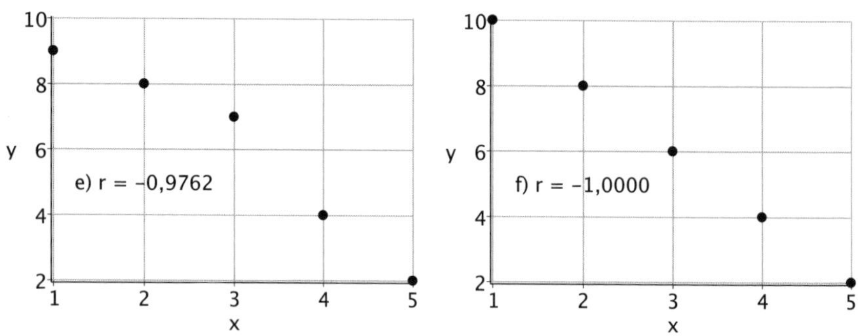

Bild 2.13: e) stark negative und f) perfekt negative Korrelation

jemand in beiden Fächern Erfolg oder in beiden Misserfolg hat. Man beachte hierzu auch Aufgabe 2.18. Schließlich gibt es noch die Korrelation durch Zufall (engl. treffend *nonsense-correlation* genannt): Man muss nur lange genug suchen, dann findet man durch puren Zufall eine starke Korrelation zwischen zwei Merkmalen, die gar nichts miteinander zu tun haben.

Ob zwischen zwei Merkmalen mit starker Korrelation ein kausaler Zusammenhang vorliegt, oder ob sie von einer dritten Größe im Hintergrund gesteuert werden, oder ob die Korrelation purer Zufall ist, vermag die Statistik allein nicht zu entscheiden. Es bedarf dafür einer inhaltlichen Auseinandersetzung mit den Eigenschaften der Merkmale und Merkmalsträger. Letztlich müssen außermathematische Wissenschaften herangezogen werden.

d) r_{xy} kann nur gebildet werden, wenn beide Merkmale quantitativ sind (andernfalls ist ja bereits die Berechnung von $\bar{x}$ und $\bar{y}$, welche für r_{xy} gebraucht werden, unmöglich). Ist eines der Merkmale oder sind beide ordinal, gibt es **Rangkorrelationskoeffizienten** zur Messung des Zusammenhangs, auf die aber im Rahmen dieses Buches nicht eingegangen werden kann. Wir verweisen hierfür auf [1] und [3].

Aufgaben

2.17 Gegeben seien die x-Werte $x_1 = -2$, $x_2 = -1$, $x_3 = 0$, $x_4 = 1$ und $x_5 = 2$. Die y-Werte seien definiert durch die Funktion $y_i := x_i^2$ für $i = 1, \ldots, 5$. Von den x- zu den y-Werten besteht also die stärkstmögliche Abhängigkeit: Aus der Kenntnis von x_i kann y_i genau berechnet werden (funktionale Abhängigkeit). Zeigen Sie, dass dennoch die Kovarianz und damit auch der Korrelationskoeffizient gleich 0 ist.

2.18 Scheinkorrelation tritt oft im Zusammenhang mit Zeitreihen auf: Die statistische Masse sind hier die einzelnen Zeitpunkte oder Perioden, in denen wir zwei Größen X und Y messen. Es sei x_t die Anzahl der in Bayern registrierten Gästeübernachtungen im Monat t (Quelle: [15], S. 4), y_t die Arbeitslosenzahl in Bayern Mitte des Monats t (Quelle: [13], S. 166). Man bestimme r_{xy} und begründe inhaltlich die negative Korrelation.

	2010				2011			
t	März	Juni	Sept.	Dez.	März	Juni	Sept.	Dez.
x_t in Mio.	5,08	7,33	8,26	4,71	5,27	8,03	8,67	5,00
y_t in 1 000	354	279	268	270	290	235	231	230

2.8 Regressionsrechnung

Im Mittelpunkt dieses Abschnitts steht nicht die Stärke, sondern die **Form** des Zusammenhangs zwischen den beiden Merkmalen (Größen) X und Y. Häufig ist diese schon von vorneherein gegeben durch ein physikalisches Gesetz, welches wir als (theoretisches) **Modell** für den Zusammenhang bezeichnen wollen.

Beispiel 2.28

Man gebe Modelle und zu bestimmende Parameter an für den Zusammenhang zwischen den folgenden physikalischen Größen:
a) Stromstärke I und Spannung U an einem ohmschen Widerstand.
b) Luftdruck p und Höhe h über dem Meer (konstante Temperatur vorausgesetzt).
c) Zurückgelegter Weg h und Zeit t beim senkrechten Wurf nach unten (Luftwiderstand vernachlässigen).

Lösung:
a) Modell $I = a \cdot U$; zu bestimmen: a (lineares Modell);
b) Modell $p = a \cdot \mathrm{e}^{-bh}$; zu bestimmen: a und b (exponentielles Modell);
c) Modell $h = at^2 + bt$; zu bestimmen: a und b (quadratisches Modell). ■

Man führt nun n Messungen der beiden Größen durch (z. B. Stromstärken bei verschiedenen Spannungen) und erhält so n Messwertpaare oder Punkte. Diese werden aufgrund von Messfehlern und unvermeidbaren Einflüssen dritter Größen nicht genau auf der vom Modell geforderten Kurve liegen. Beispielsweise ändert sich mit zunehmender Entfernung vom Boden die Temperatur eben doch und bewirkt Abweichungen der Messwerte von der theoretischen (idealen) Kurve. Mithilfe der Regressionsrechnung versucht man nun, die in der Modellbeziehung vorkommenden unbekannten Parameter näherungsweise zu bestimmen, indem man durch die Punktwolke unter allen der Modellgleichung gehorchenden Kurven diejenige legt, die der Punktwolke **am besten angepasst** ist (engl. *best fit*). Von dieser Kurve nimmt man dann an, dass sie die Messfehler und fremden Einflüsse **ausgleicht**. Man spricht daher auch von **Kurvenanpassung** oder **Ausgleichsrechnung**.

Die Methode wird auch dann angewandt, wenn es kein physikalisches Gesetz gibt, sondern nur einen „gefühlten", intuitiv richtigen Zusammenhang: Bestimmt man z. B. bei allen Arbeitnehmern einer Firma die Merkmale „Entfernung von der Wohnung zum Arbeitsplatz" und „Fahrzeit", so werden normalerweise große Entfernungen auch große Fahrzeiten hervorrufen. Ein anderes Beispiel: Hoher Zigarettenkonsum verkürzt in der Regel die Lebensdauer.

Gültige Formeln wie bei den physikalischen Beispielen kann man hier jedoch nicht angeben. In diesen Fällen wird die Punktwolke gezeichnet und dann aufgrund ihrer Gestalt ein Zusammenhang vermutet (z. B. linear oder quadratisch). Anschließend wird genau wie oben die am besten angepasste Kurve hindurchgelegt.

Das einfachste Modell ist wohl das lineare: Man legt durch die Punktwolke die am besten angepasste Gerade und spricht dann von **linearer Regression**. Andere Modelle werden in diesem Buch nicht betrachtet. Wir verweisen hierfür auf [3] oder [5].

Für den Rest des Abschnitts mögen folgende Voraussetzungen und Bezeichnungen gelten:

a) Die Modellgleichung lautet

$$\boxed{y = a + bx.} \tag{2.64}$$

Die Parameter a und b sind zu bestimmen.

b) Das Merkmal X sei die **Ursache**, Y die **Wirkung**. Die Variable x in der Modellgleichung (2.64) heißt **freie**, **erklärende** oder **exogene** Variable, die Variable y dagegen **abhängige**, **erklärte** oder **endogene** Variable.

c) Die Messwerte x_i sollen nicht alle gleich sein.

Methode der kleinsten Quadrate

Das gängige Verfahren, um die am besten angepasste Gerade zu einer gegebenen Punktwolke zu bestimmen, ist die Methode der kleinsten Quadrate. Sie geht auf C. F. Gauß[1] zurück. Man denke sich eine (zunächst beliebige) Gerade $y = a + bx$ durch die Punktwolke gelegt. Als „Strafmaß“ für die Abweichung der Geraden von einem einzelnen Punkt(x_i, y_i) wählen wir das **Quadrat des Abstands** von Punkt und Gerade in senkrechter Richtung. Dieser Abstand beträgt (siehe Bild 2.14)

$$r_i := y_i - (a + bx_i). \tag{2.65}$$

Durch das Quadrieren werden alle Abweichungen positiv gewertet, unabhängig davon, ob sie nach oben oder unten weisen.

[1] Carl Friedrich Gauss (1777–1855), dt. Mathematiker, lieferte entscheidende Beiträge zu fast allen Bereichen der modernen Mathematik

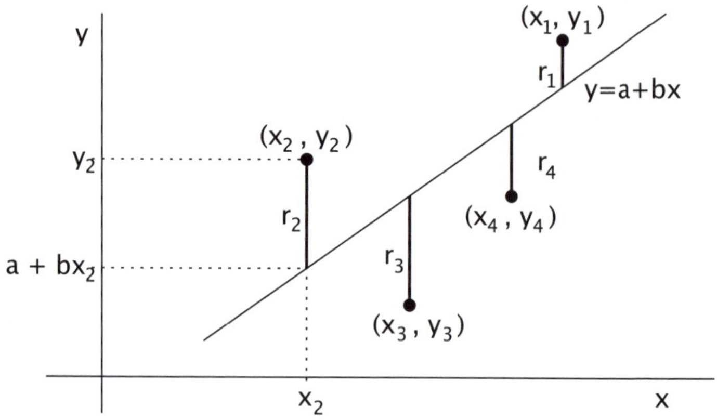

Bild 2.14: Motivation der Methode der kleinsten Quadrate

Als Gesamtstrafmaß S für die Abweichungen ist es naheliegend, die Summe über die einzelnen Abweichungsquadrate zu wählen:

$$S(a,\, b) := \sum_{i=1}^{n} r_i^2 = \sum_{i=1}^{n} (y_i - a - bx_i)^2. \tag{2.66}$$

S hängt von den festen Messwerten x_i und y_i, $i = 1, \ldots, n$, und den beiden veränderlichen Größen a (Schnittpunkt der Geraden $y = a + bx$ mit y-Achse) und b (Steigung der Geraden) ab. Mithilfe von S können wir nun präzisieren, was wir unter der „am besten angepassten Geraden“ verstehen wollen:

Definition 2.16

Gegeben seien die n Wertepaare $(x_1, y_1), (x_2, y_2), \ldots, (x_n, y_n)$. Die der Punktmenge im Sinne der Methode der kleinsten Quadrate am besten angepasste Gerade ist diejenige, bei der die Summe (2.66) der Abweichungsquadrate minimal wird. Sie heißt (empirische) **Regressionsgerade** von x nach y.

Die Parameter der in diesem Sinne optimalen Geraden heißen $\hat{a}$ und $\hat{b}$ im Gegensatz zu den allgemeinen Parametern a und b. Für sie muss gelten:

$$S(\hat{a}, \hat{b}) \leq S(a,\, b) \text{ für alle reellen Zahlen } a \text{ und } b. \tag{2.67}$$

Wir bestimmen $\hat{a}$ und $\hat{b}$ durch Nullsetzen der partiellen Ableitungen von $S(a, b)$ nach a bzw. b, wobei die Summen stets von $i = 1$ bis n laufen:

$$\begin{aligned} \frac{\partial}{\partial a} S(a,\, b) &= 2\sum (y_i - a - bx_i)(-1) = 0 \\ &\Rightarrow \sum (y_i - a - bx_i) = 0 \\ &\Rightarrow \sum y_i - na - b\sum x_i = 0. \end{aligned} \tag{2.68}$$

Division durch n liefert:

$$\bar{y} - a - b\bar{x} = 0. \tag{2.69}$$

Da $\bar{x}$ und $\bar{y}$ feste Größen sind, haben wir in (2.69) eine **lineare Gleichung** für a und b.

Für die andere partielle Ableitung erhalten wir

$$\begin{aligned} \frac{\partial}{\partial b} S(a,\, b) &= 2\sum (y_i - a - bx_i)(-x_i) = 0 \\ &\Rightarrow \sum x_i(y_i - a - bx_i) = 0 \\ &\Rightarrow \sum x_i y_i - a\sum x_i - b\sum x_i^2 = 0 \end{aligned} \tag{2.70}$$

Division durch n liefert:

$$a\bar{x} + b\frac{1}{n}\sum x_i^2 = \frac{1}{n}\sum x_i y_i. \tag{2.71}$$

(2.69) und (2.71) bilden zusammen ein **lineares Gleichungssystem** für die gesuchten Parameter a und b. Wir lösen es, indem wir (2.69) nach a auflösen und in (2.71) einsetzen:

$$\begin{aligned} &(\bar{y} - b\bar{x})\bar{x} + b\frac{1}{n}\sum x_i^2 = \frac{1}{n}\sum x_i y_i \\ &\Rightarrow \quad b\left(\frac{1}{n}\sum x_i^2 \; - \bar{x}^2\right) = \frac{1}{n}\sum x_i y_i \; - \bar{x}\bar{y} \\ &\Rightarrow \quad b = \frac{\frac{1}{n}\sum x_i y_i \; - \bar{x}\bar{y}}{\frac{1}{n}\sum x_i^2 \; - \bar{x}^2} = \frac{\sum x_i y_i \; - n\bar{x}\bar{y}}{\sum x_i^2 \; - n\bar{x}^2} = \frac{s_{xy}}{s_x^2}. \end{aligned} \tag{2.72}$$

Letzteres folgt, indem wir den Bruch noch mit $n - 1$ kürzen. Im Zähler steht dann genau der Ausdruck (2.55) für die Kovarianz der beiden Merkmalsreihen, im Nenner der Ausdruck (2.39) für die Varianz der x_i. Wir haben also

Kovarianz und Varianz auf völlig neue Weise „wiederentdeckt". Man muss sich nur noch klarmachen, dass die Summe der Abweichungsquadrate S an den durch (2.69) und (2.72) gegebenen Stellen tatsächlich ein Minimum und nicht etwa ein Maximum annimmt. Dies folgt aber daraus, dass S offenbar beliebig groß werden kann, dagegen nach unten durch 0 beschränkt ist. Es muss also mindestens ein Minimum geben, und die durch (2.69) und (2.72) gegebenen Werte für a und b sind die einzigen Kandidaten, müssen also die Minimalstelle beschreiben.

Um die Division durch 0 zu vermeiden, dürfen nicht alle x_i identisch sein, eine schwache Voraussetzung, die in der Praxis immer erfüllt ist.

Wir fassen (2.69) und (2.72) zusammen:

Satz 2.5

Gegeben seien die n Wertepaare $(x_1, y_1), (x_2, y_2), \ldots, (x_n, y_n)$. Die **Regressionsgerade** von x nach y hat die Gleichung

$$y = \hat{a} + \hat{b}x, \tag{2.73}$$

mit den **Regressionsparametern**

$$\hat{b} := \frac{s_{xy}}{s_x^2} \quad \text{und} \tag{2.74}$$

$$\hat{a} := \bar{y} - \hat{b}\bar{x}. \tag{2.75}$$

Um die tatsächlich gemessenen oder **empirischen** Werte y_i von denen auf der Regressionsgeraden zu unterscheiden, definieren wir:

Definition 2.17

Die zu den x_i gehörenden y-Werte auf der Regressionsgeraden heißen **theoretische** y-Werte und werden mit dem Symbol ^ gekennzeichnet:

$$\hat{y}_i := \hat{a} + \hat{b}x_i. \tag{2.76}$$

Die Differenz $r_i := y_i - \hat{y}_i$ heißt i-tes **Residuum**[1].

[1] lat. „Rest"

Anmerkungen zur Regressionsgeraden:

a) Setzen wir (2.75) in (2.73) ein, erhalten wir die Gleichung der Regressionsgeraden in der symmetrischen Form

$$y - \bar{y} = \hat{b}(x - \bar{x}). \tag{2.77}$$

(Zur Erinnerung: Hier sind x und y die Variablen, die anderen Größen $\bar{y}$, $\hat{b}$ und $\bar{x}$ sind feste Zahlen.) Setzen wir in (2.77) für $x = \bar{x}$ und $y = \bar{y}$ ein, so ist die Gleichung erfüllt. Daher liegt der **Schwerpunkt** $(\bar{x}, \bar{y})$ der Punktwolke stets auf der Regressionsgeraden.

b) Der Wert $\hat{y}_i$ stellt den durch x_i **erklärten** Anteil des Messwertes y_i dar. Was von $\hat{y}_i$ auf y_i noch fehlt, geht auf zufällige Einflüsse zurück.

c) Die $\hat{y}_i$ weichen i. Allg. von den y_i mehr oder weniger ab, beide Reihen haben jedoch **dasselbe arithmetische Mittel**: Aus $\hat{y}_i = \hat{a} + \hat{b}x_i$ folgt nämlich gemäß der Formel (2.22) für die lineare Transformation des arithmetischen Mittels und aus (2.75)

$$\bar{\hat{y}} = \hat{a} + \hat{b}\bar{x} = \bar{y}. \tag{2.78}$$

d) (2.68) bedeutet: Die Summe aller Residuen, also Abweichungen der Messpunkte von der Regressionsgeraden in senkrechter Richtung, ist 0.

Beispiel 2.29

Für die Wertepaare

x_i	1	2	3	4	5
y_i	2	5	6	9	9

berechne man $\bar{x}$, $\bar{y}$, die Gleichung der Regressionsgeraden von x nach y, die theoretischen $\hat{y}_i$ sowie die Residuen r_i. Man zeichne Punktwolke und Regressionsgerade und verifiziere die Bemerkungen a), c) und d).

Lösung: Wir verwenden folgendes Rechenschema:

i	x_i	y_i	x_i^2	$x_i y_i$
1	1	2	1	2
2	2	5	4	10
3	3	6	9	18
4	4	9	16	36
5	5	9	25	45
Σ	15	31	55	111

Daraus berechnen wir

$$\begin{aligned}\bar{x} &= \frac{15}{5} = 3, \ \bar{y} = \frac{31}{5} = 6{,}2, \\ \hat{b} &= \frac{s_{xy}}{s_x^2} = \frac{\sum x_i y_i \ - 5\bar{x}\bar{y}}{\sum x_i^2 \ - 5\bar{x}^2} = \frac{111 - 5 \cdot 3 \cdot 6{,}2}{55 - 5 \cdot 9} = 1{,}8, \\ \hat{a} &= \bar{y} - \hat{b}\bar{x} = 6{,}2 - 1{,}8 \cdot 3 = 0{,}8.\end{aligned}$$

Die Regressionsgerade von x nach y hat daher die Gleichung $y = 0{,}8 + 1{,}8x$. $x = 3 = \bar{x}$ eingesetzt liefert $y = 6{,}2 = \bar{y}$, die Regressionsgerade trifft also den Schwerpunkt $(\bar{x}, \bar{y})$.
Bild 2.15 zeigt Punktwolke und Regressionsgerade. Für die theoretischen $\hat{y}_i$ und die Residuen erhalten wir

i	x_i	y_i	$\hat{y}_i = 0{,}8 + 1{,}8x_i$	$r_i = y_i - \hat{y}_i$
1	1	2	2,6	−0,6
2	2	5	4,4	+0,6
3	3	6	6,2	−0,2
4	4	9	8,0	+1,0
5	5	9	9,8	−0,8
Σ	15	31	31,0	0,0

Wie erwartet sind $\bar{\hat{y}} = \bar{y} = 31/5$ und $\sum r_i = 0$. ■

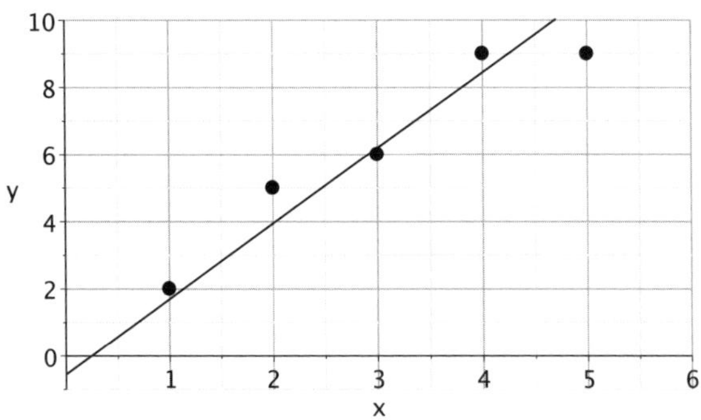

Bild 2.15: Punktwolke und Regressionsgerade für Beispiel 2.29

Aufgaben

2.19 Ein Aluminiumstab hat bei einer Temperatur von 273 K die Länge $l_1 = 2\,000$ mm. In Abhängigkeit von der Temperaturänderung ΔT wird die Längenänderung Δl gemessen mit einem Messgerät, von dem man nur ganze Hundertstel-Millimeter ablesen kann. Die Messungen bei fünf verschiedenen Temperaturänderungen ergaben folgende Werte:

$\Delta T/\mathrm{K}$	0	10	20	30	40
$\Delta l/\mathrm{mm}$	0,00	0,48	0,96	1,43	1,90

Aus theoretischen Überlegungen weiß man, dass zwischen ΔT und Δl ein Zusammenhang der Form $\Delta l = l_1 \alpha \Delta T$ besteht, wobei l_1 die Länge bei der Basistemperatur ist (hier: $l_1 = 2\,000\,\mathrm{mm}$) und α eine nur vom Material abhängige Konstante, der *Längenausdehnungskoeffizient* (vgl. [6]). Legen Sie daher das Modell $y = bx$ zugrunde (mit $x = \Delta T$, $y = \Delta l$), leiten Sie analog zu (2.66) bis (2.72) eine Formel für den (einzigen) Regressionsparameter $\hat{b}$ her und berechnen Sie ihn. $\hat{b}$ ist eine brauchbare Näherung für $l_1\alpha$. Bestimmen Sie daraus den Längenausdehnungskoeffizienten α für Aluminium in der Einheit 1/K.

2.20 Der Luftdruck nimmt mit zunehmender Höhe über dem Meeresspiegel ab. Aufgrund theoretischer Überlegungen weiß man, dass bei Voraussetzung der konstanten Temperatur bis in Höhe von ca. 100 km zwischen der Höhe h (in Kilometern) und dem Luftdruck p (in Hektopascal) eine exponentielle Beziehung der Form

$$p = a\mathrm{e}^{-bh} \text{ (\textit{barometrische Höhenformel})} \tag{2.79}$$

gilt mit Konstanten $a > 0$ und $b > 0$. Geht man hier zu den natürlichen Logarithmen über, so lautet die barometrische Höhenformel

$$\ln p = \ln a - bh. \tag{2.80}$$

Zwischen h und $\ln p$ besteht also eine lineare Beziehung. Sechs Messungen haben ergeben

h_i/km	0	1	2	3	4	5
p_i/hPa	1 013	899	795	701	616	540

Man berechne die Logarithmen der p_i und führe eine lineare Regression für die Wertepaare $(h_i, \ln p_i)$ durch. Aus dem so erhaltenen Regressionsparameter für $\ln a$ in (2.80) bestimme man den Schätzwert für a, gebe die empirisch gewonnene Beziehung (2.79) an und vergleiche die damit berechneten theoretischen Werte $\hat{p}_i$ mit den tatsächlich gemessenen p_i. Welcher Luftdruck herrscht in 6 km Höhe? In welcher Höhe beträgt der Luftdruck nur noch 200 hPa?

3 Wahrscheinlichkeitsrechnung

3.1 Kombinatorische Grundlagen

In diesem Abschnitt fassen wir die für das Verständnis der nachfolgenden Kapitel nötigen Voraussetzungen aus der Kombinatorik zusammen.

Fakultäten

Definition 3.1

Das Symbol $n!$ (lies: „n-Fakultät“) ist für alle natürlichen Zahlen $n = 0, 1, 2, 3, \ldots$ erklärt durch

$$n! := \begin{cases} 1 & \text{für } n = 0, \\ n \cdot (n-1) \cdot (n-2) \cdot \ldots \cdot 1 & \text{für } n \geq 1. \end{cases} \tag{3.1}$$

Es ist also $0! = 1,\ 1! = 1,\ 2! = 2,\ 3! = 6,\ 4! = 24$ usw., allg. $n! = n \cdot (n-1)!$ Für positive n hat $n!$ eine anschauliche Bedeutung:

Satz 3.1

Gegeben seien n unterscheidbare Objekte. Dann gibt es $n!$ verschiedene Reihenfolgen, auch **Permutationen** genannt, in denen man diese Objekte anordnen kann.

Dies ist leicht einzusehen, denn für den ersten Platz hat man n Auswahlmöglichkeiten, für den zweiten nur noch $n-1$ usw., für den vorletzten 2 und für den letzten dann nur noch eine Möglichkeit, insgesamt $n \cdot (n-1) \cdot \ldots \cdot 2 \cdot 1 = n!$ Möglichkeiten.

Beispiel 3.1

Geben Sie alle Permutationen der drei Symbole A, B und C an.

Lösung: Es gibt $3! = 6$ verschiedene Weisen, die drei Symbole anzuordnen, nämlich $ABC, ACB, BAC, BCA, CAB, CBA$. ■

Binomialkoeffizienten

Definition 3.2

Seien $n \geq 1$ und $0 \leq k \leq n$ ganze Zahlen. Dann ist der Binomialkoeffizient $\binom{n}{k}$ (lies: „n über k") definiert als

$$\binom{n}{k} := \frac{n \cdot (n-1) \cdot \ldots \cdot (n-k+1)}{k \cdot (k-1) \cdot \ldots \cdot 1} = \frac{n!}{k!(n-k)!}. \tag{3.2}$$

In der ersten Form ist er besonders leicht zu merken: Man beginnt im Zähler mit n, im Nenner mit k und zählt jeweils zurück: Im Nenner bis 1, im Zähler aber nur soweit, bis genauso viele Faktoren wie im Nenner dastehen. Die Bedeutung des Binomialkoeffizienten erhellt der folgende

Satz 3.2

Gegeben seien n verschiedene Objekte. Dann gibt es $\binom{n}{k}$ Möglichkeiten, daraus k Objekte auszuwählen, wenn es nicht auf die Reihenfolge ankommt.

Beispiel 3.2

Wie viele verschiedene Möglichkeiten hat man beim Lotto, 6 Zahlen aus 49 auszuwählen?

Lösung: Für die erste Zahl hat man 49 Möglichkeiten, für die zweite 48 usw., für die sechste Zahl 44 Möglichkeiten. Das ergibt $49 \cdot 48 \cdot \ldots \cdot 44$ Möglichkeiten. Da es aber nicht auf die Reihenfolge ankommt, in der man beim Lotto die sechs Zahlen ankreuzt, sondern nur auf das fertige Endergebnis, sind jeweils 6! Tipps, die sich nur durch die Reihenfolge unterscheiden, aber aus den gleichen Zahlen bestehen, zu einem zusammenzufassen. Insgesamt ergibt sich:

$$\begin{aligned}\text{Anzahl Lottotipps „6 aus 49"} &= \frac{49 \cdot 48 \cdot 47 \cdot 46 \cdot 45 \cdot 44}{6 \cdot 5 \cdot 4 \cdot 3 \cdot 2 \cdot 1} = \binom{49}{6} \\ &= 13\,983\,816. \quad \blacksquare\end{aligned}$$

Folgende Rechenregeln für Binomialkoeffizienten sind leicht einsehbar und nützlich:

$$\binom{n}{0} = 1 = \binom{n}{n}, \quad \binom{n}{1} = n, \quad \binom{n}{k} = \binom{n}{n-k}. \tag{3.3}$$

Der Name „Binomialkoeffizient" kommt von der **verallgemeinerten binomischen Formel**

$$(a+b)^n = \sum_{k=0}^{n} \binom{n}{k} a^{n-k} b^k, \tag{3.4}$$

die für $n = 2$ die bekannte Formel $(a+b)^2 = a^2 + 2ab + b^2$ als Spezialfall liefert.

Aufgaben

3.1 Berechnen Sie folgende Binomialkoeffizienten:

a) $\binom{7}{4}$, b) $\binom{20}{3}$, c) $\binom{20}{17}$, d) $\binom{100}{5}$.

3.2 Entwickeln Sie das Binom $(x+1)^5$ nach fallenden Potenzen von x.

3.2 Zufall, Ereignisalgebra

Definition 3.3

Unter **Zufall** verstehen wir die Menge aller Faktoren, die auf das Ergebnis eines Experiments einen Einfluss haben, uns aber nicht bekannt sind und die wir auch nicht kontrollieren können. Gibt es solche Einflüsse, spricht man von einem **Zufallsexperiment**. Es wird nach bestimmten, vorher genau festgelegten Regeln durchgeführt und ist beliebig oft wiederholbar.

Wegen der erwähnten Einflüsse ist das Ergebnis eines Zufallsexperiments nicht vorhersagbar. Standardbeispiele sind das Experiment „Werfen einer Münze" oder „Werfen eines Würfels". Aber auch wenn jemand eine Bushaltestelle aufsucht und nimmt den nächsten Bus, der kommt, handelt es sich genauso um ein Zufallsexperiment: Die Wartezeit ist nicht vorhersagbar, denn sie hängt von Faktoren ab, die der Experimentierende nicht kennt.

Beispiel 3.3

Der Bremsweg eines Fahrzeuges in Abhängigkeit von der Geschwindigkeit, bei der eine Vollbremsung durchgeführt wird, wird mehrmals gemessen. Warum handelt es sich hier um ein Zufallsexperiment?

Lösung: Zwei verschiedene Personen, die sich noch so sehr bemühen, die gleichen Ausgangsbedingungen herzustellen, werden stets geringfügig andere Ergebnisse erzielen, weil einerseits die Messgeräte nur mit einer bestimmten Messgenauigkeit arbeiten, andererseits bei jedem Versuch irgendwelche unbekannten, nicht kontrollierbaren Einflüsse hinzukommen. Deshalb ist jeder physikalische Versuch auch als Zufallsexperiment interpretierbar. ∎

Damit ist in der Mathematik der Begriff des Zufalls von jedem mystischen oder philosophischen Beigeschmack entkleidet, den er in der Umgangssprache manchmal hat. Wir kennen eben nie alle Faktoren, die einen Versuchsausgang beeinflussen. Zwar kann man danach streben, möglichst viele dieser Faktoren in Erfahrung zu bringen (z. B. über Funk erfahren, wo der Bus gerade ist, wie die Verkehrslage ist, mit welcher Geschwindigkeit er fährt usw.), aber es bleibt immer ein Rest Unsicherheit (der Bus könnte einen Unfall erleiden), eben Zufall.

Definition 3.4

Eine einzelne Durchführung eines Zufallsexperiments heißt **Versuch**, sein Ergebnis **Versuchsausgang** oder **Elementarereignis**. Die Menge aller möglichen Versuchsausgänge heißt **Ergebnisraum** oder **Elementarereignisraum** und wird mit Ω bezeichnet.

Elementarereignisse schließen sich wechselseitig aus und sind nicht weiter zerlegbar, spielen also in der Wahrscheinlichkeitsrechnung die Rolle von „Atomen“.

Beispiel 3.4

Wie können die möglichen Versuchsausgänge beim Zufallsexperiment „Einmal Würfeln“ beschrieben werden?

Lösung: Durch die Zahlen von 1 bis 6, also $\Omega = \{1, 2, 3, 4, 5, 6\}$. Ω ist insbesondere endlich. ∎

Beispiel 3.5

Geben Sie alle möglichen Wartezeiten beim Zufallsexperiment „Warten auf den Bus" an.

Lösung: Die Wartezeit kann 0 sein oder beliebig groß werden, Ω ist also gleich der Menge aller nicht-negativen reellen Zahlen und somit eine unendliche Menge: $\Omega = \{t \in \mathbb{R} \mid t \geq 0\} = [0, \infty[$. ■

Definition 3.5

Eine beliebige Teilmenge (einschließlich der leeren Menge $\emptyset$ und der ganzen Menge Ω selbst) von Ω heißt **Ereignis**.

Ereignisse werden mit großen Buchstaben A, B, ... bezeichnet. Sie können entweder verbal beschrieben werden oder durch vollständige Aufzählung ihrer Elementarereignisse. Die beiden speziellen Ereignisse $\emptyset$ (leere Menge) und Ω heißen **unmögliches** bzw. **sicheres** Ereignis.

Beispiel 3.6

Gegeben sind beim Zufallsexperiment „Einmaliges Werfen eines Würfels" die Ereignisse

$A :=$ „gerade Augenzahl"; $B :=$ „Augenzahl durch 3 teilbar".

Beschreiben Sie die Ereignisse durch vollständige Aufzählung ihrer Elementarereignisse.

Lösung: $A = \{2, 4, 6\}$ und $B = \{3, 6\}$. ■

Wir wollen nun sämtliche Ereignisse zu einem gegebenen endlichen Ergebnisraum Ω systematisch aufzählen. Zunächst darf man annehmen, dass die Elemente von Ω von 1 bis n durchnumeriert sind:

$$\Omega = \{1, 2, 3, \ldots, n\}.$$

Ein Ereignis A kann durch eine n-stellige Bitfolge von 0 und 1 beschrieben werden, wobei an der Position k eine 1 steht, wenn das Elementarereignis k in A vorkommt, 0 sonst. Die Bitfolge 01001 beschreibt dann z. B. für $n = 5$ das Ereignis $\{2, 5\}$, die Bitfolge 00000 das unmögliche Ereignis $\{\}$, 11111 das sichere Ereignis $\{1, 2, 3, 4, 5\}$ usw. Damit sind alle möglichen Ereignisse umkehrbar eindeutig auf Bitfolgen der Länge n abgebildet. Davon gibt es aber 2^n Stück, denn an jeder Stelle hat man 2 Möglichkeiten (0 oder 1), insgesamt also 2^n Möglichkeiten. Wir halten fest:

Satz 3.3

> Zu einem endlichen Ergebnisraum mit n Elementarereignissen gibt es stets 2^n Ereignisse, einschließlich des unmöglichen und des sicheren Ereignisses.

Beispiel 3.7

Beschreiben Sie durch vollständige Aufzählung sämtliche Ereignisse zu $\Omega := \{1,\ 2,\ 3\}$.

Lösung: Die möglichen Ereignisse (Teilmengen) von Ω lauten

$$\{\emptyset,\ \{1\},\ \{2\},\ \{3\},\ \{1,2\},\ \{1,3\},\ \{2,3\},\ \{1,2,3\}\}.$$

Es gibt erwartungsgemäß $2^3 = 8$ Ereignisse. ■

Die Elementarereignisse müssen nicht notwendig einzelne Zahlen sein. Oft sind es auch Zahlenpaare oder noch komplexere zusammengesetzte Terme.

Beispiel 3.8

In einem Lager stehen fünf Computer-Bildschirme, durchnumeriert von 1 bis 5. Zwei davon sind defekt, etwa die mit den Nummern 1 und 2. Man holt zwei Bildschirme nacheinander heraus. Beschreiben Sie den Ergebnisraum Ω durch vollständige Aufzählung seiner Elemente, sowie die Ereignisse

$A :=$ „kein Bildschirm defekt“,
$B :=$ „genau ein Bildschirm defekt“,
$C :=$ „zwei Bildschirme defekt“.

Lösung: Die möglichen Versuchsergebnisse sind Zahlen**paare** $(m,\ n)$, wobei m und n die Werte von 1 bis 5 annehmen können und Paare mit zwei gleichen Nummern nicht vorkommen können, da wir **ohne** Zurücklegen ziehen. Da es uns nur auf das erhaltene Ergebnis ankommt, nicht aber auf die Reihenfolge, müssen wir auch nicht zwischen den Elementarereignissen $(1,\ 2)$ und $(2,\ 1)$ unterscheiden und können hierfür einfach die Menge $\{1,\ 2\}$ schreiben. Somit hat das Zufallsexperiment die folgenden zehn verschiedenen Ausgänge (Elementarereignisse):

$$\Omega = \{\{1,2\},\ \{1,3\},\ \{1,4\},\ \{1,5\},\ \{2,3\},\ \{2,4\},\ \{2,5\},\ \{3,4\},\ \{3,5\},\ \{4,5\}\}.$$

Die Ereignisse A, B und C lauten ausgeschrieben:

$$\begin{aligned} A &= \{\{3,4\}, \{3,5\}, \{4,5\}\}, \\ B &= \{\{1,3\}, \{1,4\}, \{1,5\}, \{2,3\}, \{2,4\}, \{2,5\}\}, \\ C &= \{\{1,2\}\}. \end{aligned}$$

Offensichtlich gehört jedes Elementarereignis zu genau einem der drei Ereignisse A, B oder C, diese füllen also den ganzen Raum Ω aus und überlappen sich nicht. Wir nennen A, B und C in diesem Fall eine **disjunkte Zerlegung** von Ω. ■

Ereignisalgebra

Genauso wie es beim Rechnen mit Zahlen eine Reihe von Rechenoperationen (Addition, Subtraktion, Multiplikation u.v.m.) gibt, kennen wir beim „Rechnen" mit Ereignissen, die ja letztlich nichts anderes als Mengen sind, Rechenoperationen, die den Gegenstand der **Ereignisalgebra** bilden. Wir erläutern die Operationen Vereinigung, Schnitt, Differenz und Komplement. Für die Spalte „Beispiel" in der folgenden Tabelle wurden $\Omega := \{1, 2, 3, 4, 5\}$, $A := \{1, 2, 3\}$ und $B := \{3, 4\}$ gewählt.

Bezeichnung	Schreibweise	Erklärung	Beispiel
Produkt von Ereignissen	$A \cap B$	Alle Elemente von Ω, die zu A **und** zu B gehören	$A \cap B = \{3\}$
Summe von Ereignissen	$A \cup B$	Alle Elemente von Ω, die zu A **oder** zu B gehören	$A \cup B = \{1, 2, 3, 4\}$
Differenz von Ereignissen	$A \setminus B$ oder $A - B$	Alle Elemente von Ω, die zu A, aber **nicht** zu B gehören	$A \setminus B = \{1, 2\}$
Komplement eines Ereignisses	$\overline{A}$	Alle Elemente von Ω, die **nicht** zu A gehören	$\overline{A} = \{4, 5\}$

Diese Rechenoperationen lassen sich sehr einfach durch **Venn-Diagramme**[1] veranschaulichen. Dabei repräsentiert der Kasten den gesamten Ergebnis-

[1] John Venn (1834–1923), englischer Mathematiker

raum Ω, während die Flächenstücke im Innern die Ereignisse darstellen (siehe Bild 3.1 für $A \cap B$). Ereignisse kann man entweder verbal beschreiben

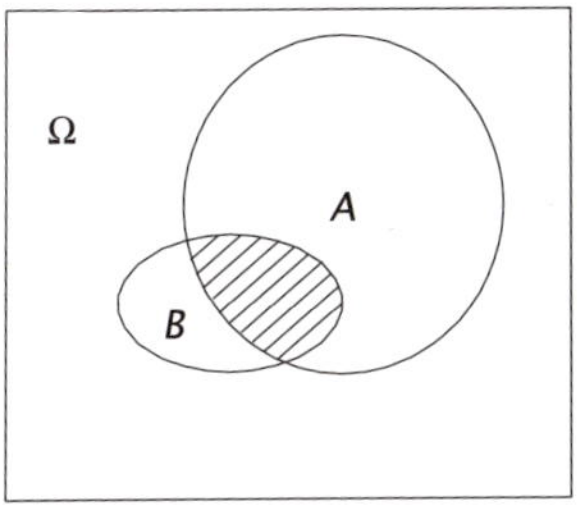

Bild 3.1: Venn-Diagramm für $A \cap B$

($A =$ „Würfeln einer geraden Zahl") oder mengenmäßig durch Aufzählung sämtlicher Elementarereignisse ($A = \{2, 4, 6\}$). Im ersten Fall ist es üblich, statt $\cap$ das Zeichen $\wedge$ (lies: „und zugleich") und statt $\cup$ das Zeichen $\vee$ (lies: „oder") zu verwenden.

Beispiel 3.9

Sei Ω der Ergebnisraum des Zufallsexperiments „Werfen eines Würfels", A das Ereignis „Augenzahl ist durch drei teilbar"und B: „Augenzahl ist durch zwei teilbar". Beschreiben Sie in Mengenschreibweise die Ereignisse $A \cap B$, $A \cup B$, $A \setminus B$ und $\overline{A}$.

Lösung: $\Omega = \{1, 2, 3, 4, 5, 6\}$, $A = \{3, 6\}$, $B = \{2, 4, 6\}$. Dann ist $A \cap B = \{6\}$, $A \cup B = \{2, 3, 4, 6\}$, $A \setminus B = \{3\}$ und $\overline{A} = \{1, 2, 4, 5\}$. ∎

Definition 3.6

Zwei Ereignisse A und B heißen **disjunkt** oder **unvereinbar**, wenn gilt:

$$A \cap B = \emptyset. \tag{3.5}$$

Anschaulich bedeutet die Unvereinbarkeit, dass A und B sich gegenseitig ausschließen, also nie gleichzeitig eintreten können. Beispielsweise sind beim Würfeln die Ereignisse „Würfeln einer geraden Zahl" und „Würfeln einer ungeraden Zahl" disjunkt.

Wie für das Rechnen mit Zahlen, gibt es für das Rechnen mit Ereignissen einige leicht einzusehende Gesetze. So spielt bei Summe und Produkt die Reihenfolge keine Rolle:

$$A \cap B = B \cap A, \quad A \cup B = B \cup A. \qquad (\textit{Kommutativgesetze}) \qquad (3.6)$$

Bei mehr als zwei Ereignissen spielt die Art der Klammerung keine Rolle:

$$\begin{aligned} A \cap (B \cap C) &= (A \cap B) \cap C, \\ A \cup (B \cup C) &= (A \cup B) \cup C. \end{aligned} \qquad (\textit{Assoziativgesetze}) \qquad (3.7)$$

Denkt man sich statt des Operators $\cap$ ein Malzeichen und statt $\cup$ ein Pluszeichen, so spielt die leere Menge dieselbe Rolle in der Ereignisalgebra wie die Zahl 0 bei den Zahlen:

$$A \cap \emptyset = \emptyset, \quad A \cup \emptyset = A. \qquad (3.8)$$

Um die Analogie noch weiter zu treiben, übertragen wir die Rechenregel $a \cdot (b + c) = a \cdot b + a \cdot c$ für Zahlen auf die Ereignisalgebra und erhalten

$$A \cap (B \cup C) = (A \cap B) \cup (A \cap C). \qquad (\textit{Distributivgesetz I}) \qquad (3.9)$$

Interessanterweise gilt auch die dazu symmetrische Aussage, die man durch Vertauschung der Operatoren erhält:

$$A \cup (B \cap C) = (A \cup B) \cap (A \cup C). \qquad (\textit{Distributivgesetz II}) \qquad (3.10)$$

Eine dem Distributivgesetz II entsprechende Aussage gibt es bei Zahlen nicht mehr: Im Allgemeinen ist nämlich $a + (b \cdot c) \neq (a + b) \cdot (a + c)$.

Den Zusammenhang zwischen den Komplementen zweier Mengen und dem Komplement ihres Produktes/ihrer Summe beschreiben die beiden **Regeln von de Morgan**

$$\begin{aligned} \overline{A \cap B} &= \overline{A} \cup \overline{B}, \\ \overline{A \cup B} &= \overline{A} \cap \overline{B}. \end{aligned} \qquad (3.11)$$

Man darf also die Komplementbildung in die einzelnen Ereignisse „hineinziehen", dabei kehrt sich aber der Operator um. Alle genannten Gesetze lassen sich leicht mithilfe von Venn-Diagrammen veranschaulichen.

Beispiel 3.10

Sei $A := \{x | x \geq 5\}$, $B := \{x | x < 7\}$ und Ω die Menge aller reellen Zahlen. Bestimmen Sie das Komplement von $A \cap B$.

Lösung: Nach der ersten de Morganschen Regel ist

$$\overline{A \cap B} = \overline{A} \cup \overline{B} = \{x|x < 5\} \cup \{x|x \geq 7\},$$

in Worten: alle x, die entweder kleiner 5 oder größer gleich 7 sind. ∎

Als Letztes überlegen wir, wie man den Ergebnisraum bei **zusammengesetzten, einander nicht beeinflussenden** Zufallsexperimenten bestimmt. Angenommen, wir werfen zuerst eine Münze (Zufallsexperiment 1, Elementarereignisse Z für „Zahl" und A für „Adler") und dann einen Würfel (Zufallsexperiment 2). Die zugehörigen Ergebnisräume lauten

$$\Omega_1 = \{Z, A\}, \quad \Omega_2 = \{1, 2, 3, 4, 5, 6\}.$$

Betrachten wir nun das zusammengesetzte Experiment „erst Münze, dann Würfel werfen", so lautet die Menge Ω aller möglichen Ausgänge

$$\Omega = \{(Z,1), (Z,2), (Z,3), \ldots, (Z,6), (A,1), (A,2), \ldots, (A,6)\},$$

besteht also aus allen möglichen geordneten Paaren, die an erster Stelle ein Element aus Ω_1 und an zweiter Stelle ein Element aus Ω_2 haben. Eine solche Kombination von zwei Mengen heißt **kartesisches[1] Produkt** und wird geschrieben als $\Omega_1 \times \Omega_2$ (lies: „Ω_1 kreuz Ω_2").
Beispielsweise ist

$$\{1, 2, 3\} \times \{a, b\} = \{(1,a), (1,b), (2,a), (2,b), (3,a), (3,b)\}.$$

Im Falle endlicher Mengen ist offenbar die Anzahl der Elemente im kartesischen Produkt gleich dem Produkt der Element-Anzahlen der beiden beteiligten Mengen. Im obigen Beispiel „erst Münze, dann Würfel werfen" sind das $2 \cdot 6 = 12$ Elemente. Dies rechtfertigt die Bezeichnung „Produkt".

Aufgaben

3.3 In einer Firma arbeiten zwei Informatiker (Nummern 1 und 2) und drei Betriebswirte (Nummern 3, 4 und 5). Drei davon werden zufällig ausgewählt. Beschreiben Sie den Ergebnisraum Ω sowie die Ereignisse

$A :=$ „genau zwei Betriebswirte",
$B :=$ „mindestens zwei Betriebswirte",
$C :=$ „genau zwei Informatiker".

---

[1] René Descartes (1596–1650), lat. Cartesius, frz. Philosoph und Mathematiker

3.4 Beschreiben Sie die Ergebnisräume folgender Zufallsexperimente:

a) Werfen einer Münze;

b) Messen der Lebensdauer einer Glühlampe;

c) Wartezeit an einer Ampel;

d) Zählen der Besucher einer bestimmten Vorlesung;

e) Ziehen einer Karte aus einem Skatspiel mit 32 Karten.

3.5 In einer Kiste liegen drei blaue, fünf rote Kugeln und eine schwarze Kugel. Es werden zwei Kugeln nacheinander ohne Zurücklegen gezogen. Beschreiben Sie mithilfe der Farben die Menge Ω aller möglichen Versuchsausgänge, wenn es nicht auf die Reihenfolge der Ziehungen ankommt.

3.6 Die Wartezeit T an einem Postschalter wird in Minuten gemessen. Beschreiben Sie die Komplemente der folgenden Ereignisse:

a) $T \geq 5$; b) $T = 5$; c) $2 < T \leq 5$; d) $(T \leq 2) \vee (T > 5)$.

3.7 Ein zusammengesetztes Zufallsexperiment besteht aus dem viermaligen Werfen einer Münze. Beschreiben Sie den Ergebnisraum Ω. Was ist $|\Omega|$?

3.8 Seien $\Omega = \{1, 2, \ldots, 9\}$ und $A := \{4, 5, 6, 7, 8, 9\}$, $B := \{1, 2, 3, 4, 5\}$, $C := \{2, 4, 6, 8\}$. Bestimmen Sie

a) $A \cup B$, b) $A \cap B$, c) $A \setminus B$, d) $\overline{B \cap C}$, e) $\overline{B} \cup \overline{C}$, f) $A \cup (B \cap C)$, g) $(A \cup B) \cap (A \cup C)$.

3.9 Ein Würfel wird zweimal geworfen. Sei Ω_i der Ergebnisraum beim i-ten Wurf, $i = 1, 2$. Beschreiben Sie den Ergebnisraum Ω des Experiments „Zweimal Würfeln“, also $\Omega = \Omega_1 \times \Omega_2$.

3.3 Wahrscheinlichkeit und Satz von Laplace

Wer sich mit zufälligen Erscheinungen beschäftigt, stellt sehr bald fest, dass der Ausgang eines einzelnen Zufallsexperiments völlig offen ist. Führt man jedoch ein Experiment sehr oft (n-mal) durch und zählt dabei, wie oft ein bestimmtes Ereignis A eintritt (k-mal), so beobachtet man **immer**, dass die relative Häufigkeit $f_n(A)$ von A mit wachsendem n gegen einen festen Wert p zwischen 0 und 1 strebt:

$$f_n(A) = \frac{k}{n} \longrightarrow p \quad \text{für} \quad n \to \infty. \tag{3.12}$$

Das Symbol $\longrightarrow$ bezeichnet hier nicht einen Grenzwertbegriff im strengen Sinne der Analysis, sondern drückt lediglich die Erfahrungstatsache aus, dass in der langen Serie eine Art von Gesetzmäßigkeit steckt.

Beispiel 3.11

Den Internetseiten der Staatlichen Lotterieverwaltung in Bayern ([11]) entnehmen wir folgende Daten über die Häufigkeit des Auftretens der Zahl „1“ (nicht als Zusatzzahl) beim Lotto „6 aus 49“. Ausgewertet wurden alle Ausspielungen vom 9.10.1955 bis zum 17.1.2018.

	nur Sa.	Mi. und Sa.
abs. Häufigkeit der „1“	404	689
Ausspielungen insgesamt	3 249	5 657
rel. Häufigkeit der „1“	0,1243	0,1218

Offenbar scheint sich ein Wert zu festigen, der mit 0,12 beginnt, d. h., in etwa 12 % aller Ausspielungen ist unter den sechs gezogenen Zahlen eine „1“(siehe dazu auch Aufgabe 3.27). ■

Wir gehen daher von folgender Modellannahme aus, die zwar durch nichts bewiesen ist, andererseits wurde aber auch noch keine Erscheinung beobachtet, die dagegen spricht.

Modellannahme

Jedes Ereignis A besitzt eine ihm innewohnende Zahl $p \in [0; 1]$, seine **Wahrscheinlichkeit**. Dieses p ist genau die Zahl, gegen die die relative Häufigkeit (3.12) strebt.

Für p schreiben wir auch $P(A)$, um die Abhängigkeit von A auszudrücken.[1] p kann mit beliebiger Genauigkeit experimentell ermittelt werden, wenn man nur die Zeit und die Möglichkeit hat, ein Experiment sehr oft zu wiederholen. Dies ist jedoch oft technisch und organisatorisch zu aufwändig. In den meisten Fällen versucht man daher, p zu **berechnen**, was aber weitere Modellannahmen erfordert (z. B. die nachfolgende Laplace-Annahme). Die Berechnung von Wahrscheinlichkeiten ist Gegenstand der **Wahrscheinlichkeitsrechnung**. Wenn wir also in einem konkreten Fall den abstrakten Begriff der Wahrscheinlichkeit eines Ereignisses mit Leben und Anschaulichkeit erfüllen wollen, sollten wir immer an die relative Häufigkeit dieses Ereignisses bei einer sehr großen Anzahl von Versuchen denken.

[1] P kommt von frz. *probabilité* = Wahrscheinlichkeit

Um mit Wahrscheinlichkeiten rechnen zu können, benötigen wir eine Sammlung von Grundannahmen (sog. **Axiome**), die nicht bewiesen, sondern aus der Erfahrung als gültig vorausgesetzt werden. Sie wurden von Kolmogorov[1] im Jahre 1933 vorgeschlagen und lassen sich leicht beweisen, wenn man den Begriff „Wahrscheinlichkeit" (also das Symbol P) jeweils durch „relative Häufigkeit" ersetzt. Da die Wahrscheinlichkeiten gemäß unserer Modellbildung die „Grenzwerte" der relativen Häufigkeiten darstellen, nehmen wir an, dass diese Aussagen auch für Wahrscheinlichkeiten gelten:

Axiome der Wahrscheinlichkeitsrechnung

1. Für jedes beliebige Ereignis A gilt

$$0 \leq P(A) \leq 1. \tag{3.13}$$

2. Der gesamte Ergebnisraum (sicheres Ereignis) hat die Wahrscheinlichkeit 1:

$$P(\Omega) = 1. \tag{3.14}$$

3. Sind $A_1, A_2, \ldots$ paarweise disjunkte Ereignisse (siehe (3.5)), so gilt

$$P(A_1 \cup A_2 \cup \ldots) = P(A_1) + P(A_2) + \ldots \tag{3.15}$$

Auf diese Axiome aufbauend kann man nun viele Sätze streng, d. h. mit den Mitteln des logischen Schließens, herleiten. Wir geben einige ohne Beweis an:

Wahrscheinlichkeit des unmöglichen Ereignisses

$$P(\emptyset) = 0. \tag{3.16}$$

[1] Andrej Nikolaevič Kolmogorov (1903–1987), russ. Mathematiker, Professor an der Moskauer Universität

Wahrscheinlichkeit des komplementären Ereignisses

$$P(\overline{A}) = 1 - P(A). \tag{3.17}$$

$P(x \leq y) = 1 - P(x > y)$

Additionssatz für beliebige, d. h. nicht notwendig disjunkte Ereignisse

$$P(A \cup B) = P(A) + P(B) - P(A \cap B). \tag{3.18}$$

Man beachte den Unterschied zwischen (3.18) und dem 3. Kolmogorovschen Axiom (3.15): Beim letzteren war die Disjunktheit von A und B vorausgesetzt. Beim Additionssatz können A und B auch einen nicht-leeren Durchschnitt $A \cap B$ besitzen. Dieser wird in $P(A) + P(B)$ doppelt gezählt, muss also einmal wieder abgezogen werden, und wir erhalten (3.18).

Die weitaus wichtigste Folgerung aus den Axiomen aber ist der

Satz von Laplace[1] 3.4

Besteht der Ergebnisraum Ω aus nur endlich vielen Elementarereignissen, die alle die **gleiche Wahrscheinlichkeit** haben, dann gilt für jedes beliebige Ereignis $A \subseteq \Omega$:

$$\begin{aligned} P(A) &= \frac{|A|}{|\Omega|} \\ &= \frac{\text{Anzahl der für } A \textbf{ günstigen } \text{Elementarereignisse}}{\text{Anzahl der überhaupt } \textbf{möglichen } \text{Elementarereignisse}}. \end{aligned} \tag{3.19}$$

Dabei bezeichnet $|M|$ für eine endliche Menge die **Mächtigkeit** der Menge M, also die Anzahl der Elemente in M. Die Voraussetzung der **gleichen Wahrscheinlichkeit der Elementarereignisse** heißt auch **Laplace-Annahme** und drückt aus, dass es keinen Grund gibt zu der Annahme, irgendwelche Elementarereignisse seien gegenüber anderen bevorzugt. Dies ist z. B. der Fall bei einem perfekten Würfel oder einer perfekten Münze.

[1] Pierre Simon Laplace (1749–1827), frz. Mathematiker, lieferte u.a. die erste systematische Arbeit über Probleme der Wahrscheinlichkeitsrechnung

Wir müssen dann annehmen, dass die relativen Häufigkeiten der einzelnen Elementarereignisse gegen denselben Wert streben. Wir nennen solche Gegenstände **Laplace-Würfel**, **Laplace-Münze** usw.

Hat man dagegen Grund zur Annahme, dass die Elementarereignisse **nicht** gleich wahrscheinlich sind, so darf der Satz von Laplace **nicht** angewendet werden! Als letztes Hilfsmittel steht dann immer noch die experimentelle Messung der Wahrscheinlichkeiten zur Verfügung, d. h. die Approximation der Wahrscheinlichkeit durch die relative Häufigkeit in einer langen Serie von Versuchen. Diese ist zwar nicht 100 %-ig genau, damit befindet sich die Wahrscheinlichkeitsrechnung aber in bester Gesellschaft mit der Physik: Hier nimmt man ja auch an, dass ein Körper eine Masse, ein Volumen, eine Wärmekapazität usw. besitzt, welche man aber immer nur ungefähr, weil mit Messfehlern behaftet, bestimmen kann.

Beispiel 3.12

Zufallsexperiment: Ein Laplace-Würfel wird einmal geworfen. Wir definieren folgende Ereignisse:

$A :=$ „Augenzahl ≥ 3“, $B :=$ „Augenzahl $= 1$“,
$C :=$ „Augenzahl gerade“.

a) Welche zwei Ereignisse sind disjunkt, welche nicht?
b) Man beschreibe $\overline{A}$.
c) Man berechne $P(A)$, $P(B)$, $P(C)$, $P(A \cap C)$, $P(A \cup B)$ und $P(A \cup C)$.

Lösung: Die Laplace-Annahme ist laut Voraussetzung erfüllt. Als erstes überlege man sich immer, wie Ω für das gegebene Zufallsexperiment aussieht. Dies ist hier sehr einfach: $\Omega = \{1, 2, 3, 4, 5, 6\}$. Die Ereignisse A, B und C lauten ausgeschrieben $A = \{3, 4, 5, 6\}$, $B = \{1\}$ und $C = \{2, 4, 6\}$. Es folgt:
a) $A \cap B = \emptyset$, $B \cap C = \emptyset$, dagegen $A \cap C = \{4, 6\} \neq \emptyset$. Also sind A und B disjunkt, ebenso B und C. A und C sind nicht disjunkt, können also gleichzeitig eintreten.
b) $\overline{A} =$ „Augenzahl < 3“ $= \{1, 2\}$.
c) Nach dem Satz von Laplace gilt $P(A) = 4/6$, $P(B) = 1/6$, $P(C) = 3/6$ und $P(A \cap C) = 2/6$. Wegen der Disjunktheit von A und B folgt nach Axiom (3.15) $P(A \cup B) = P(A) + P(B) = 5/6$, dagegen ist für $P(A \cup C)$ der Additionssatz für beliebige Ereignisse (3.18) anzuwenden:

$$P(A \cup C) = P(A) + P(C) - P(A \cap C) = 4/6 + 3/6 - 2/6 = 5/6.$$

Letzteres können wir auch direkt aus dem Satz von Laplace erhalten wegen $A \cup C = \{2, 3, 4, 5, 6\}$ und daher $|A \cup C| = 5$. ∎

Was zunächst so einfach aussieht, nämlich die Beschreibung von Ω und der Ereignisse A, B, ..., kann rasch komplizierter werden, wenn es sich um zusammengesetzte Zufallsexperimente handelt. Wir unterscheiden dabei zwei Modelle:

- Beim Ziehen **ohne** Zurücklegen wird das gezogene Objekt weggelegt, kann also nicht ein zweites Mal gezogen werden. Dies ist das übliche Verfahren bei stichprobenartigen Befragungen.
- Beim Ziehen **mit** Zurücklegen wird das gezogene Objekt wieder in die Grundgesamtheit zurückgelegt, sodass alle Wiederholungen dieses Versuchs dieselben Ausgangsbedingungen haben. Dasselbe Objekt kann mehrmals gezogen werden. Dieses Modell liegt inhaltlich auch dann vor, wenn gar nicht wirklich „gezogen" wird, sondern z. B. ein Würfel oder eine Münze geworfen wird.

Beispiel 3.13

Wir greifen auf Beispiel 3.8 zurück: Fünf Bildschirme, zwei davon defekt (Nr. 1 und 2), zwei werden **ohne** Zurücklegen zufällig ausgewählt. Für die dort definierten Ereignisse A, B und C berechne man die Wahrscheinlichkeiten.

Lösung: Wir erhielten

$$\Omega = \big\{\{1,2\}, \{1,3\}, \{1,4\}, \{1,5\}, \{2,3\}, \{2,4\}, \{2,5\}, \{3,4\}, \{3,5\}, \{4,5\}\big\}.$$

Es gibt nun keinen Grund zu der Annahme, dass irgendein Versuchsergebnis, also eine der zehn möglichen Zweiermengen, gegenüber den anderen bevorzugt ist. Wir können daher die Laplace-Annahme voraussetzen und erhalten

$$P(A) = 3/10 = 0{,}3; \quad P(B) = 6/10 = 0{,}6; \quad P(C) = 1/10 = 0{,}1.$$

Man beachte, dass $\Omega = A \cup B \cup C$ eine disjunkte Zerlegung von Ω darstellt, daher muss nach (3.14) und (3.15) die Summe aller Wahrscheinlichkeiten gleich 1 sein. ∎

Der Satz von Laplace findet genauso Anwendung beim Ziehen **mit** Zurücklegen, allerdings ist dafür ein anderes Ω zugrunde zu legen:

Beispiel 3.14

In einer Urne liegen fünf Kugeln, zwei schwarze und drei weiße. Es wird eine Kugel gezogen, die Farbe notiert, die Kugel wieder zurückgelegt und anschließend das Ganze wiederholt. Wie im vorigen Beispiel seien

A := „keine Kugel schwarz",
B := „genau eine Kugel schwarz",
C := „zwei Kugeln schwarz".

Man beschreibe Ω und berechne damit die Wahrscheinlichkeiten von A, B und C.

Lösung: Wir denken uns wieder die Kugeln durchnumeriert von 1 bis 5, 1 und 2 seien schwarz. Im Gegensatz zum Ziehen ohne Zurücklegen müssen wir nun die Elementarereignisse (1, 1), (2, 2) usw. mit berücksichtigen. Dies zwingt aber dazu, nun zwischen (1, 2) und (2, 1) zu unterscheiden, also die Reihenfolge der Ziehungen zu berücksichtigen. Würde man dies nämlich nicht tun, hätte das Ereignis E_1: „eine Kugel zeigt 1, die andere 2" eine doppelt so große Wahrscheinlichkeit wie das Ereignis E_2: „beide Kugeln zeigen 1", denn E_1 kann mit zwei verschiedenen Reihenfolgen eintreten. Wer das nicht glaubt, möge eine lange Serie von Versuchen machen und die relativen Häufigkeiten ausrechnen. Der experimentelle Befund steht über jedem Zweifel. Man merke sich: Bei Ziehen **mit** Zurücklegen bilde man die Elemente von Ω **mit** Berücksichtigung der Reihenfolge, sonst sind die Elementarereignisse nicht gleichwahrscheinlich und der Satz von Laplace ist nicht anwendbar.
Wir erhalten also

$$\begin{aligned}
\Omega &= \{(i,j)|1 \le i \le 5,\ 1 \le j \le 5\},\\
A &= \{(3,3),\ (3,4),\ (3,5),\ (4,3),\ (4,4),\ (4,5),\ (5,3),\ (5,4),\ (5,5)\},\\
B &= \{(1,3),\ (1,4),\ (1,5),\ (2,3),\ (2,4),\ (2,5),\ (3,1),\ (3,2),\ (4,1),\\
&\quad (4,2),\ (5,1),\ (5,2)\},\\
C &= \{(1,1),\ (1,2),\ (2,1),\ (2,2)\}.
\end{aligned}$$

Daraus folgt $|\Omega| = 25$, $|A| = 9$, $|B| = 12$, $|C| = 4$ und damit nach Laplace $P(A) = 9/25 = 0{,}36$; $P(B) = 12/25 = 0{,}48$; $P(C) = 4/25 = 0{,}16$. Die Wahrscheinlichkeiten unterscheiden sich somit deutlich von denen beim Ziehen ohne Zurücklegen. Wie dort ist die Summe gleich 1, weil A, B und C wieder eine vollständige disjunkte Zerlegung von Ω bilden. ■

Aufgaben

3.10 Ein Zufallsexperiment bestehe darin, dass eine Laplace-Münze mit den Seiten „Adler" und „Zahl" dreimal geworfen wird.

a) Geben Sie den Ergebnisraum Ω vollständig an.

b) Wie viele verschiedene Ereignisse gibt es?

c) Bestimmen Sie die Wahrscheinlichkeiten der Ereignisse

$A :=$ „genau einmal Zahl“,
$B :=$ „mindestens einmal Zahl“,
$C :=$ „genau dreimal Adler“.

(Bestimmen Sie $P(B)$ über das Gegenereignis $\overline{B}$ und Formel (3.17).)

3.11 Zwei Laplace-Würfel mit den Zahlen 1 bis 6 werden geworfen. Seien X und Y die Augenzahlen beim ersten bzw. zweiten Würfel. Wir definieren die Ereignisse

$A :=$ „$X = Y$“, $B :=$ „$X + Y > 9$“,
$C :=$ „$X + Y = 7$“, $D :=$ „$X + Y$ gerade“.

a) Welche Ereignisse sind paarweise disjunkt?

b) Berechnen Sie die Wahrscheinlichkeiten von A, B, C, D und von $A \cap B$, $A \cup B$, $A \cap C$ und $A \cup C$.

3.4 Unabhängige Ereignisse und bedingte Wahrscheinlichkeit

Definition 3.7

Zwei Ereignisse A und B heißen **unabhängig**, falls

$$P(A \cap B) = P(A) \cdot P(B) \tag{3.20}$$

gilt. Andernfalls heißen sie **abhängig**.

Für $P(A \cap B)$ schreiben wir auch $P(A \cdot B)$ oder noch kürzer $P(AB)$.

Beispiel 3.15

In einer Urne sind zehn Kugeln, durchnumeriert von 1 bis 10. Es werden zwei Kugeln nacheinander gezogen, und zwar (a) mit Zurücklegen, (b) ohne Zurücklegen. Sei A das Ereignis „Beim ersten Zug 1“ und B „beim zweiten Zug 1“. Man zeige, dass A und B im Fall (a) unabhängig sind, im Fall (b) jedoch abhängig.

Lösung: (a) Der Ereignisraum für das zusammengesetzte Experiment ist

$$\Omega = \{(i, j) | 1 \leq i \leq 10, \ 1 \leq j \leq 10\}$$

und hat 100 Elementarereignisse, das Ereignis $A \cap B$ umfasst genau ein Elementarereignis, nämlich $(1, 1)$, also $P(A \cap B) = 1/100$ nach Laplace. An-

dererseits ist $P(A) = 1/10 = P(B)$, ebenfalls nach Laplace. Also ist (3.20) erfüllt, Unabhängigkeit liegt vor.
(b) Hier ist $P(A \cap B) = 0$, denn wenn beim ersten Mal schon die 1 gezogen wurde, kann sie bei Ziehen ohne Zurücklegen nicht noch einmal auftreten. Andererseits können die Einzelereignisse A und B sehr wohl eintreten und es ist sicher $P(A) > 0$ und $P(B) > 0$, also $P(A) \cdot P(B) > 0$ und daher nicht gleich $P(A \cap B)$. Die Ereignisse sind abhängig. ∎

Das Beispiel illustriert, dass die Begriffe „abhängig" und „unabhängig" in der Wahrscheinlichkeitsrechnung in Einklang stehen mit der umgangssprachlichen Verwendung. Im Fall (b) beeinflusst eben die erste Durchführung des Versuches die zweite, im Fall (a) nicht.

Die Anwendung geschieht meist in der Form, dass man die Unabhängigkeit aufgrund der Versuchsbeschreibung (z. B. Ziehen **mit** Zurücklegen) als gegeben ansieht und daraufhin Formel (3.20) benutzt, um die Wahrscheinlichkeit $P(A \cap B)$ mithilfe der bekannten Einzelwahrscheinlichkeiten $P(A)$ und $P(B)$ zu berechnen.

Beispiel 3.16

Wie groß ist die Wahrscheinlichkeit p_n, beim n-maligen Werfen eines Laplace-Würfels mindestens einmal die Augenzahl 6 zu würfeln? Wie groß muss n mindestens sein, damit $p_n > 0{,}99$ ist?

Lösung: Wir rechnen mit dem Gegenereignis und nützen aus, dass die Würfe unabhängig sind:

$$p_n = 1 - P(\text{„keinmal Augenzahl 6 bei } n \text{ Würfen"}) = 1 - \left(\frac{5}{6}\right)^n .$$

Damit können wir berechnen:

$$p_n > 0{,}99 \Leftrightarrow \left(\frac{5}{6}\right)^n < 0{,}01 \Leftrightarrow n > \frac{\ln 0{,}01}{\ln \frac{5}{6}} = 25{,}26.$$

Also muss man mindestens 26-mal würfeln, damit mit 99%-iger Sicherheit mindestens eine 6 dabei ist. ∎

Häufig braucht man die **bedingte Wahrscheinlichkeit** für ein Ereignis A, wenn man schon weiß, dass ein anderes Ereignis B bereits eingetreten ist. Wir schreiben hierfür $P(A|B)$ und lesen „Wahrscheinlichkeit von A unter der Bedingung B". Der gesamte ursprüngliche Ergebnisraum Ω reduziert sich auf B und von A ist nur der Teil, der auch in B liegt, in die Berechnung der Wahrscheinlichkeit von $A|B$ einzubeziehen. Wir erhalten daher

Satz 3.5

Seien A und B zwei Ereignisse und $P(B) > 0$. Dann ist die bedingte Wahrscheinlichkeit $P(A|B)$ gleich

$$P(A|B) = \frac{P(A \cap B)}{P(B)}. \tag{3.21}$$

Beispiel 3.17

Man bestimme die Wahrscheinlichkeit, mit einem Laplace-Würfel eine 2 zu würfeln unter der Bedingung, dass die gewürfelte Zahl gerade ist.

Lösung: Es ist wichtig, alle relevanten Ereignisse mit geeigneten Symbolen zu bezeichnen. Hier: $A := \{2\}$ und $B := \{2, 4, 6\}$. Wir suchen also $P(A|B)$. Aus (3.21) folgt

$$P(A|B) = \frac{P(A \cap B)}{P(B)} = \frac{P(\{2\})}{P(\{2, 4, 6\})} = \frac{1/6}{3/6} = \frac{1}{3}.$$

Dies ist nicht überraschend, denn die drei Elementarereignisse 2, 4 und 6 des neuen, reduzierten Ergebnisraumes sind gleichwahrscheinlich (Laplace-Annahme!), also ist die bedingte Wahrscheinlichkeit der 2 gleich 1/3. ■

Die Begriffe „Unabhängigkeit" und „bedingte Wahrscheinlichkeit" hängen eng zusammen: Gilt nämlich $P(B) > 0$ und sind A und B unabhängig, so folgt

$$P(A|B) = \frac{P(A \cap B)}{P(B)} = \frac{P(A) \cdot P(B)}{P(B)} = P(A). \tag{3.22}$$

Im Falle der Unabhängigkeit ist also die bedingte Wahrscheinlichkeit von A gleich der unbedingten, d. h. das Eintreten von B beeinflusst A überhaupt nicht. Es lässt sich im Übrigen auch leicht zeigen, dass im Falle der Unabhängigkeit von A und B jede der folgenden Formeln erfüllt ist:

$$P(A|B) = P(A), \; P(B|A) = P(B), \; P(A|\overline{B}) = P(A) \text{ usw.}$$

Es folgen drei wichtige Sätze über bedingte Wahrscheinlichkeiten mit ihren Anwendungen.

Multiplikationssatz für beliebige Ereignisse 3.6

Seien A und B Ereignisse mit $P(A) > 0$ und $P(B) > 0$. Dann gilt

$$P(A \cap B) = P(B) \cdot P(A|B) = P(A) \cdot P(B|A). \tag{3.23}$$

Dieser Satz folgt sofort aus der Formel (3.21) für die bedingte Wahrscheinlichkeit, hat aber weit reichende Konsequenzen. Wir können damit Wahrscheinlichkeiten ausrechnen, ohne den (meist zeitraubenden) Weg der Bestimmung von Ω beschreiten zu müssen.

Beispiel 3.18

Für Beispiel 3.8 (fünf Bildschirme, Nr. 1 und 2 defekt, zwei werden ohne Zurücklegen gezogen) bestimme man die Wahrscheinlichkeit, dass beide gewählten Bildschirme defekt sind.

Lösung: Wir setzen $A_i :=$ „beim i-ten Zug defekter Bildschirm", $i = 1, 2$. Dann folgt aus dem Multiplikationssatz (3.23)

$$P(A_1 \cap A_2) = P(A_1) \cdot P(A_2|A_1).$$

Die beiden Wahrscheinlichkeiten auf der rechten Seite sind aber mühelos auszurechnen:

$$P(A_1) = \frac{2}{5},$$

denn zu Beginn sind zwei von fünf defekt, und

$$P(A_2|A_1) = \frac{1}{4},$$

denn nachdem ein defektes Teil gezogen wurde, sind noch vier im Lager, davon ist eines defekt. Insgesamt erhalten wir

$$P(A_1 \cap A_2) = \frac{2}{5} \cdot \frac{1}{4} = \frac{1}{10}$$

in Übereinstimmung mit $P(C)$ in Beispiel 3.13. ■

Der Multiplikationssatz lässt sich auch auf mehr als zwei Ereignisse verallgemeinern, z. B. ist

$$\begin{aligned} P(A \cap B \cap C) &= P(A \cap B) \cdot P(C|A \cap B) \\ &= P(A) \cdot P(B|A) \cdot P(C|A \cap B). \end{aligned} \tag{3.24}$$

Ein geeignetes Hilfsmittel zur übersichtlichen grafischen Darstellung solcher bedingter Wahrscheinlichkeiten ist der **Wahrscheinlichkeitsbaum**. Dieser wächst von oben nach unten und beginnt bei der Wurzel Ω. An den Verzweigungspunkten (Knoten) stehen Ereignisse, an jedem Ast die bedingte Wahrscheinlichkeit des unteren Ereignisses unter der Bedingung, dass alle Vorgänger-Ereignisse auf dem Pfad zurück zur Wurzel schon eingetreten sind. Bei einem vollständigen Wahrscheinlichkeitsbaum ist die Summe aller Wahrscheinlichkeiten, die aus einem Knoten herausgehen, immer gleich 1.

Beispiel 3.19

In einer Warenlieferung sind zwölf Artikel, davon sind vier defekt. Es wird eine Stichprobe vom Umfang drei **ohne** Zurücklegen gezogen. Man zeichne den vollständigen Wahrscheinlichkeitsbaum und bestimme die Wahrscheinlichkeiten der Ereignisse

$$E_i := \text{„genau } i \text{ defekte Artikel in der Stichprobe“}, \quad i = 0,\, 1,\, 2,\, 3.$$

Lösung: Wir setzen $A_k :=$ „beim k-ten Zug defekter Artikel“, $k = 1, 2, 3$. Bild 3.2 gibt den Baum an. Multipliziert man alle Wahrscheinlichkeiten von der Wurzel Ω zu einem Endknoten, so ist dies die (unbedingte) Wahrscheinlichkeit, dass alle Ereignisse auf diesem Pfad nacheinander eingetreten sind, z. B. ist

$$\begin{aligned} P(E_3) &= P(A_1A_2A_3) = P(A_1)\cdot P(A_2|A_1)\cdot P(A_3|A_2A_1) \\ &= \frac{4}{12}\cdot\frac{3}{11}\cdot\frac{2}{10} = \frac{1}{55} \end{aligned}$$

(ganz linker Zweig des Baumes). Ähnlich erhalten wir

$$\begin{aligned} P(E_0) &= P(\overline{A}_1\overline{A}_2\overline{A}_3) = \frac{8}{12}\cdot\frac{7}{11}\cdot\frac{6}{10} = \frac{14}{55}, \\ P(E_1) &= P(A_1\overline{A}_2\overline{A}_3) + P(\overline{A}_1A_2\overline{A}_3) + P(\overline{A}_1\overline{A}_2A_3) \\ &= \frac{4}{12}\cdot\frac{8}{11}\cdot\frac{7}{10} + \frac{8}{12}\cdot\frac{4}{11}\cdot\frac{7}{10} + \frac{8}{12}\cdot\frac{7}{11}\cdot\frac{4}{10} = \frac{28}{55}, \\ P(E_2) &= P(A_1A_2\overline{A}_3) + P(A_1\overline{A}_2A_3) + P(\overline{A}_1A_2A_3) \\ &= \frac{4}{12}\cdot\frac{3}{11}\cdot\frac{8}{10} + \frac{4}{12}\cdot\frac{8}{11}\cdot\frac{3}{10} + \frac{8}{12}\cdot\frac{4}{11}\cdot\frac{3}{10} = \frac{12}{55}. \end{aligned}$$

Dabei wurde mehrmals das 3. Kolmogorovsche Axiom (3.15) verwendet, denn zwei verschiedene Pfade in dem Baum stellen immer disjunkte Ereignisse dar, ihre Wahrscheinlichkeiten dürfen also addiert werden.

Da die vier Ereignisse E_0, E_1, E_2 und E_3 sich wechselseitig ausschließen und andererseits aber immer genau eines von ihnen eintreten muss, bilden sie eine disjunkte Zerlegung von Ω. Die Summe ihrer vier Wahrscheinlichkeiten muss daher 1 ergeben, was auch tatsächlich der Fall ist. ∎

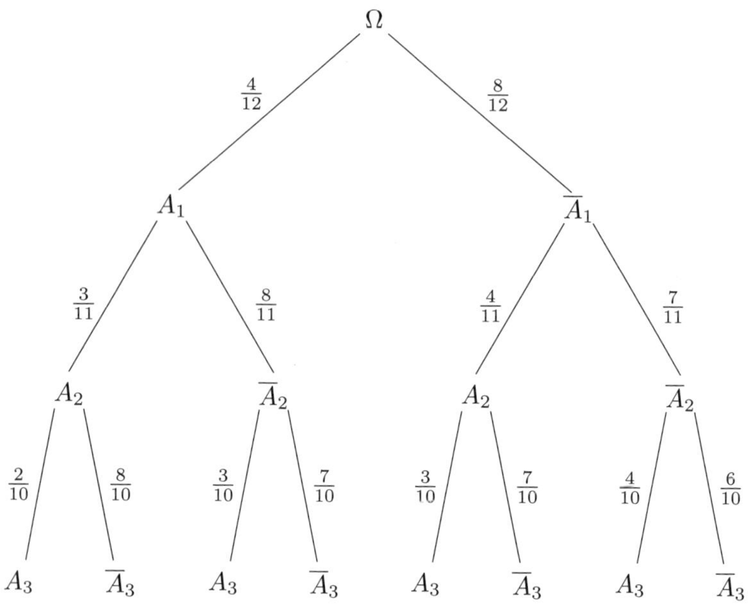

Bild 3.2: Wahrscheinlichkeitsbaum

Satz von der totalen Wahrscheinlichkeit 3.7

Sei A ein Ereignis und $\Omega = B_1 \cup B_2 \cup \ldots \cup B_n$ eine disjunkte Zerlegung von Ω. Dann gilt

$$P(A) = \sum_{k=1}^{n} P(B_k) \cdot P(A|B_k). \tag{3.25}$$

Der Satz folgt aus der Formel (3.21) der bedingten Wahrscheinlichkeit und ermöglicht es, aus den rechts stehenden Wahrscheinlichkeiten $P(A|B_k)$ und $P(B_k)$ die unbedingte („totale“) Wahrscheinlichkeit von A auszurechnen.

Beispiel 3.20

Drei Maschinen produzieren denselben Artikel, allerdings mit unterschiedlicher Qualität. Aus langer Erfahrung weiß man, dass Maschine 1 nur 2 % unbrauchbare Artikel (Ausschuss) produziert, Maschine 2 dagegen 10 % und Maschine 3 schließlich 4 %. Die Anteile der drei Maschinen an der Gesamtproduktion betragen 30 %, 50 % bzw. 20 %. Die Artikel werden zusammengeworfen und ein Artikel zufällig ausgewählt. Wie groß ist die Wahrscheinlichkeit, dass der Artikel unbrauchbar ist?

Lösung: Wir definieren folgende Ereignisse: $U :=$ „Artikel unbrauchbar" und $M_i :=$ „Artikel kommt von Maschine i", $i = 1, 2, 3$. Ersetzen wir die angegebenen relativen Häufigkeiten durch die Wahrscheinlichkeiten, so folgt

$$P(U|M_1) = 0{,}02, \; P(U|M_2) = 0{,}10, \; P(U|M_3) = 0{,}04,$$

$$P(M_1) = 0{,}30, \; P(M_2) = 0{,}50, P(M_3) = 0{,}20.$$

Alle Größen für den Satz von der totalen Wahrscheinlichkeit liegen bereit, es folgt

$$P(U) = 0{,}30 \cdot 0{,}02 + 0{,}50 \cdot 0{,}10 + 0{,}20 \cdot 0{,}04 = 0{,}064.$$

Insgesamt werden also 6,4 % unbrauchbare Artikel produziert. Wir sehen auch, dass der obige Satz von der totalen Wahrscheinlichkeit nichts anderes berechnet als ein gewogenes arithmetisches Mittel der einzelnen Ausschussanteile. ∎

Satz von Bayes[1] 3.8

Seien A und B zwei Ereignisse mit $P(A) > 0$ und $P(B) > 0$. Dann gilt

$$P(B|A) = \frac{P(B) \cdot P(A|B)}{P(A)} = \frac{P(B) \cdot P(A|B)}{P(B) \cdot P(A|B) + P(\overline{B}) \cdot P(A|\overline{B})}. \quad (3.26)$$

Die erste Gleichung folgt wieder aus der Formel (3.21) für die bedingte Wahrscheinlichkeit, bei der zweiten wurde der Nenner nach dem Satz von der totalen Wahrscheinlichkeit (3.25) umgeformt.

[1] THOMAS BAYES (1702–1761), engl. Theologe und Mathematiker

Die Stärke der Bayesschen Formel (3.26) liegt darin, dass man damit die Reihenfolge bei der bedingten Wahrscheinlichkeit umkehren kann.

Beispiel 3.21

Aus den Artikeln des vorigen Beispiels wird einer zufällig ausgewählt. Er sei unbrauchbar. Wie groß ist die Wahrscheinlichkeit, dass er von Maschine 1 stammt?

Lösung: Wir wissen, dass das Ereignis U bereits eingetreten ist und suchen $P(M_1|U)$. Nach dem Satz von Bayes gilt

$$P(M_1|U) = \frac{P(M_1) \cdot P(U|M_1)}{P(U)} = \frac{0{,}30 \cdot 0{,}02}{0{,}064} = 0{,}09375.$$

Also stammt in 9,375 % aller Fälle, in denen wir ein unbrauchbares Teil ziehen, dieses von Maschine 1. Ähnlich berechnet man $P(M_2|U) = 0{,}78125$ und $P(M_3|U) = 0{,}125$. ■

Aufgaben

3.12 Beim Schießen auf eine Scheibe sei für einen bestimmten Schützen die Wahrscheinlichkeit p, dass er ins Schwarze trifft, gleich 0,2. Berechnen Sie unter der Annahme, dass die Schüsse unabhängig sind:

a) die Wahrscheinlichkeit, bei drei Schüssen dreimal nacheinander ins Schwarze zu treffen,

b) die Wahrscheinlichkeit, bei drei Schüssen **genau** zweimal ins Schwarze zu treffen,

c) die Wahrscheinlichkeit, bei drei Schüssen **mindestens** zweimal ins Schwarze zu treffen.

d) Wie oft muss der Schütze schießen, damit die Wahrscheinlichkeit, wenigstens einmal zu treffen, größer wird als 0,95?

3.13 Eine Fertigungsstraße bestehe aus drei Stationen, die unabhängig voneinander ausfallen können. Zu einem bestimmten Zeitpunkt wird die Straße inspiziert (Zufallsexperiment, denn ob die Stationen funktionieren oder nicht, hängt vom Zufall ab). Wir betrachten die Ereignisse

A := „Station 1 funktioniert“
B := „Station 2 funktioniert“
C := „Station 3 funktioniert“

Aus langfristiger Erfahrung konnten die Wahrscheinlichkeiten hinreichend genau durch die relativen Häufigkeiten bestimmt werden: $P(A) = 0{,}95$, $P(B) = 0{,}98$ und $P(C) = 0{,}92$. Berechnen Sie

a) $p_k :=$ P(„genau k Stationen funktionieren“), $k = 0, 1, 2, 3$,

b) $p :=$ P(„die Mehrheit der Stationen funktioniert“).

3.14 Glücksspiel: Gegeben seien drei Urnen. Die erste enthält eine schwarze und drei weiße, die zweite eine schwarze und eine weiße und die dritte Urne zwei weiße Kugeln. Es wird eine Kugel aus der ersten Urne gezogen und in die zweite gelegt. Dann wird eine Kugel aus der zweiten Urne gezogen und in die dritte gelegt. Schließlich wird aus der dritten Urne eine Kugel gezogen. Ist diese schwarz, so hat man gewonnen.

a) Zeichnen Sie den Wahrscheinlichkeitsbaum für dieses Spiel.

b) Berechnen Sie die Gewinnwahrscheinlichkeit.

3.15 Bei der Herstellung eines bestimmten Massenartikels weiß man aus Erfahrung, dass 1 % der Artikel defekt sind. Alle Artikel werden vor dem Ausliefern einem flüchtigen Test unterzogen. Dieser fällt bei 98 % aller defekten Teile positiv aus, d. h. entscheidet „defekt“. Leider stuft er aber auch 5 % der nicht-defekten Artikel fälschlicherweise als defekt ein. Angenommen, der Test ist bei einem bestimmten Artikel positiv. Wie groß ist die Wahrscheinlichkeit, dass dieser Artikel tatsächlich defekt ist?

Anleitung: Verwenden Sie die Ereignisse $D :=$ „Artikel defekt“ und $T_+ :=$ „Test fällt positiv aus“. Entnehmen Sie aus dem Text die Wahrscheinlichkeiten von D, $T_+|D$ und $T_+|\overline{D}$ und berechnen Sie mit dem Satz von Bayes die gesuchte Wahrscheinlichkeit $P(D|T_+)$.

3.5 Zufällige Variable und Wahrscheinlichkeitsverteilungen

Häufig lassen sich den verschiedenen Ausgängen eines Zufallsexperiments auf ganz natürliche Weise Zahlen zuordnen:

- die Augenzahl beim Werfen eines Würfels,
- die Summe der Augenzahlen beim Werfen mehrerer Würfel,
- die Anzahl Würfe einer Münze, bis zum ersten Mal „Adler“ oben liegt,
- die Anzahl defekter Artikel in einer Stichprobe,
- der systolische Blutdruck einer zufällig ausgewählten Person,
- der Gewinn bei einem Glücksspiel,

- die Länge (Masse, Volumen, Temperatur etc.) eines Gegenstandes bei einer mit zufälligen Einflüssen und Fehlern behafteten Messung usw.

Dies legt folgende Definition nahe:

Definition 3.8

Eine Funktion $X : \Omega \to \mathbb{R}$, die jedem Elementarereignis aus Ω eine reelle Zahl zuordnet, heißt **zufällige Variable** (auch **Zufallsvariable** oder **Zufallsgröße**), wenn alle Ereignisse der Form $X = x$ und $X \in I$ für beliebige reelle Zahlen x und Intervalle I Wahrscheinlichkeiten besitzen, die dem Axiomensystem von Kolmogorov gehorchen.

Die Werte einer zufälligen Variable hängen somit vom Zufall ab. Es ist üblich, die zufällige Variable selbst, also die **Zuordnungsvorschrift**, mit großen Buchstaben (X) zu bezeichnen, dagegen die **Werte**, die sie annehmen kann, mit den entsprechenden Kleinbuchstaben (x). Diese Werte heißen auch **Realisationen** der zufälligen Variable. Die in der Definition genannte Existenzbedingung der Wahrscheinlichkeiten $P(X = x)$ bzw. $P(X \in I)$ ist nur von theoretischer Bedeutung und kann bei praktischen Anwendungen stets als erfüllt betrachtet werden.

Beispiel 3.22

Ein Laplace-Würfel wird zweimal geworfen, X sei die Augensumme. X kann offenbar nur die Werte $\{2, 3, 4, \ldots, 12\}$ annehmen. Man berechne $P(X = 2)$, $P(X = 3)$, $P(X = 4)$ sowie $P(X > 4)$.

Lösung: Der Ergebnisraum Ω besteht aus allen geordneten Zahlenpaaren (Zweier-Vektoren) $\{(i, j) | i, j = 1, 2, \ldots, 6\}$ und hat die Mächtigkeit 36. Um die angegebenen Wahrscheinlichkeiten auszurechnen, müssen wir für jedes Ereignis der Form $X = a$ die zugehörigen Elementarereignisse (i, j) herausfinden und können dann den Satz von Laplace anwenden:

$$\begin{aligned}
P(X = 2) &= P(\{(1,1)\}) = \frac{1}{36}, \\
P(X = 3) &= P(\{(1,2), (2,1)\}) = \frac{2}{36}, \\
P(X = 4) &= P(\{(1,3), (2,2), (3,1)\}) = \frac{3}{36}, \\
P(X > 4) &= 1 - P(X \leq 4) \\
&= 1 - (P(X = 2) + P(X = 3) + P(X = 4)) \\
&= 1 - \frac{1}{36} - \frac{2}{36} - \frac{3}{36} = \frac{30}{36}. \quad \blacksquare
\end{aligned}$$

Der Begriff der zufälligen Variablen ist sehr allgemein gehalten. In der Praxis kommen jedoch meist nur zwei Typen vor, nämlich **diskrete** und **stetige** zufällige Variable, die wir im Folgenden getrennt behandeln werden.

Diskrete zufällige Variable

Definition 3.9

Eine zufällige Variable X heißt **diskret**, wenn sie die Werte (Realisationen) $\{x_1, x_2, x_3, \ldots\}$ annehmen kann, wobei auch der Fall zugelassen wird, dass die Wertemenge abzählbar unendlich ist.

Diskrete zufällige Variable nehmen in der Regel ganzzahlige Werte an und entstehen meist durch einen **Zählprozess**, z. B. X :=„Anzahl defekter Stücke in einer Partie Waren“. Eine unendliche Wertemenge hat z. B. X :=„Anzahl Würfe, bis zum ersten Mal 6 erscheint“.

Die wesentlichen mathematischen Eigenschaften einer diskreten zufälligen Variablen X werden durch zwei Funktionen beschrieben:

Definition 3.10

Sei X eine diskrete zufällige Variable mit den Werten $x_1, x_2, \ldots$. Zu jedem Wert x_j gehört das Ereignis $X = x_j$ und dessen Wahrscheinlichkeit

$$p_j := P(X = x_j), \; j = 1, 2, \ldots. \tag{3.27}$$

Die Funktion $F : \mathbb{R} \to [0; 1]$ mit

$$F(x) := P(X \leq x) = \sum_{x_j \leq x} p_j \tag{3.28}$$

heißt **Verteilungsfunktion** von X.

Die Einzelwahrscheinlichkeiten p_j haben ein Analogon in den relativen Häufigkeiten f_j der beschreibenden Statistik, die der Verteilungsfunktion dagegen in den kumulierten relativen Häufigkeiten F_j (siehe (2.6) und (2.11)).

Mithilfe der p_j oder F kann man nun auf einfache Weise die Wahrscheinlichkeit ausrechnen, mit der X Werte in einem halboffenen Intervall der Form $(a;\, b]$ annimmt:

$$P(a < X \le b) = \sum_{a < x_j \le b} p_j \tag{3.29}$$

oder

$$P(a < X \le b) = P(X \le b) - P(X \le a) = F(b) - F(a). \tag{3.30}$$

Die letzte Gleichung folgt aus

$$P(X \le b) = P(X \le a \ \cup \ a < X \le b) = P(X \le a) + P(a < X \le b),$$

und dem 3. Kolmogorovschen Axiom, denn $X \le a$ und $a < X \le b$ sind disjunkte Ereignisse.

Angenommen, X nimmt die Werte $x_1, x_2, \ldots$ an. Die Ereignisse $X = x_j$, $j = 1, 2, \ldots$ bilden dann eine disjunkte Zerlegung von Ω und wegen $P(\Omega) = 1$ muss gelten

$$1 = P(\Omega) = \sum_j P(X = x_j) = \sum_j p_j. \tag{3.31}$$

Die Wertepaare (x_j, p_j) beschreiben daher, wie die **Wahrscheinlichkeitsmasse** der Gesamtgröße 1 auf die Punkte x_1, x_2 usw. der x-Achse verteilt wird. Da die (x_j, p_j) durch die zufällige Variable X gemäß (3.27) festgelegt sind, spricht man auch von der **Wahrscheinlichkeitsverteilung** oder kurz **Verteilung von X**.

Die grafische Darstellung einer Wahrscheinlichkeitsverteilung kann durch ein Stabdiagramm geschehen, bei dem über den Stellen x_j Stäbe der Länge p_j errichtet werden, oder durch den Graphen der Verteilungsfunktion F: Sie ist eine Treppenfunktion, die genau an den Stellen x_j einen Sprung der Höhe p_j macht und dazwischen waagerecht verläuft. An den Sprungstellen selbst ist für F immer der obere Wert zu wählen (F ist **rechtsseitig stetig**).

Beispiel 3.23

Ein Laplace-Würfel wird dreimal geworfen. Die zufällige Variable X bezeichne die Anzahl, wie oft dabei eine gerade Zahl geworfen wurde. Man bestimme die Verteilung von X und stelle sie grafisch dar.

Lösung: Als erstes überlege man sich immer, welche Werte X überhaupt annehmen kann (hier: 0, 1, 2 oder 3). Dann bestimme man mit irgendeiner bekannten Methode (hier: Satz von Laplace) die Wahrscheinlichkeiten, mit denen diese Werte angenommen werden. Gelingt dies nicht, müssen die Wahrscheinlichkeiten durch eine lange Versuchsserie mittels der relativen Häufigkeiten geschätzt werden. Bezeichnen wir mit G das Ereignis, dass eine gerade Augenzahl gewürfelt wurde und mit U das Gegenereignis, so folgt aus dem Satz von Laplace und der Multiplikationsformel (3.20) für unabhängige Ereignisse

$$\begin{aligned}
P(X=0) &= P(UUU) = \left(\frac{1}{2}\right)^3 = 0{,}125,\\
P(X=1) &= P(GUU) + P(UGU) + P(UUG) = 3 \cdot \left(\frac{1}{2}\right)^3 = 0{,}375,\\
P(X=2) &= P(GGU) + P(GUG) + P(UGG) = 3 \cdot \left(\frac{1}{2}\right)^3 = 0{,}375,\\
P(X=3) &= P(GGG) = \left(\frac{1}{2}\right)^3 = 0{,}125.
\end{aligned}$$

Die Verteilung von X lautet somit:

x_j	0	1	2	3	Σ
$p_j = P(X = x_j)$	0,125	0,375	0,375	0,125	1,000

Zur Probe: Die Summe aller vier Wahrscheinlichkeiten ist 1. Die zufällige Variable X hat also die Gesamtmasse 1 auf die vier Werte 0, 1, 2 und 3 verteilt. Bild 3.3 zeigt Stabdiagramm und Verteilungsfunktion $F(x)$. ■

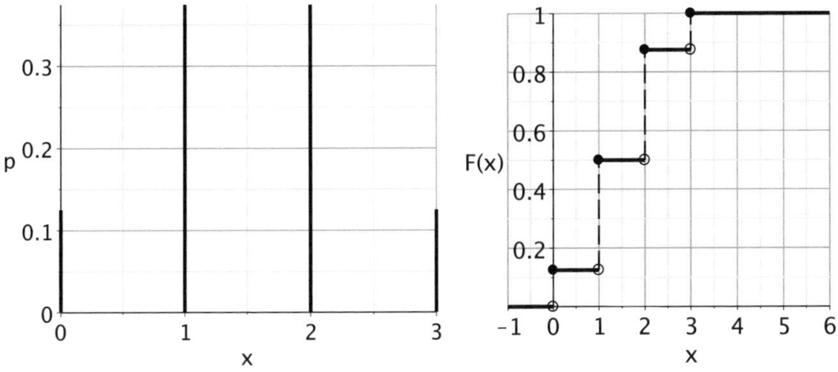

Bild 3.3: Stabdiagramm und Verteilungsfunktion

Der Zusammenhang zwischen den Wertepaaren (x_j, p_j) und der Verteilungsfunktion $F(x)$ ist sehr eng: Aus der Kenntnis der (x_j, p_j) kann man durch das Aufsummieren in (3.28) $F(x)$ gewinnen und umgekehrt aus der Kenntnis von $F(x)$ die Wertepaare (x_j, p_j) aus den Sprunghöhen von $F(x)$ an den Stellen x_j zurückerhalten:

$$p_j = \begin{cases} F(x_1), & j = 1 \\ F(x_j) - F(x_{j-1}), & j = 2, 3, \ldots \end{cases} \tag{3.32}$$

Stetige zufällige Variable

Um von der Verteilung einer diskreten zu der einer stetigen zufälligen Variablen zu gelangen, stellen wir uns vor, die Wahrscheinlichkeitsmasse 1 würde nicht mehr auf einzelne Punkte $x_1, x_2, \ldots$ konzentriert, sondern auf die ganze reelle Achse (oder einen Teil davon) „verschmiert". Denken wir an eine tatsächliche physikalische Masse, so wird die x-Achse zu einem Stab mit Gesamtmasse 1 kg, dessen Material verschieden dicht ist. Die **Dichte** $f(x)$ in einem Punkt x ist dann der Grenzwert

$$f(x) = \lim_{\Delta x \to 0} \frac{\Delta m}{\Delta x}, \tag{3.33}$$

wobei Δm die Masse des kleinen Stababschnittes von x bis $x + \Delta x$ ist. Daher ist für kleine Δx die Masse Δm annähernd gleich

$$\Delta m \approx f(x)\Delta x$$

oder mithilfe von Differenzialen geschrieben:

$$\mathrm{d}m = f(x)\mathrm{d}x.$$

Um die Gesamtmasse 1 zu erhalten, müssen alle Massenelemente $\mathrm{d}m$ von $x = -\infty$ bis $x = \infty$ mit einem Integral aufaddiert werden:

$$m = \int_{-\infty}^{\infty} \mathrm{d}m = \int_{-\infty}^{\infty} f(x)\mathrm{d}x = 1.$$

In Analogie zur Physik definieren wir also

Definition 3.11

Eine Funktion $f : \mathbb{R} \to \mathbb{R}$ heißt **Dichtefunktion** oder **Wahrscheinlichkeitsdichte**, wenn sie folgende drei Bedingungen erfüllt:

1. $f(x) \geq 0$ für alle $x \in \mathbb{R}$;
2. f ist stetig bis auf endlich viele Punkte;
3. $\int_{-\infty}^{\infty} f(x)\mathrm{d}x = 1.$

Die zweite Bedingung verhindert, dass Dichten zu kompliziert werden. Für alle praktischen Zwecke stellt dies keine nennenswerte Einschränkung dar.

Ersetzen wir nun wieder den Begriff „Masse“ durch „Wahrscheinlichkeit“, so folgt

$$\begin{aligned} P(X \leq x) &= \text{„Masse des Stabes von } -\infty \text{ bis } x\text{“} \\ &= \int_{-\infty}^{x} f(u)\mathrm{d}u. \end{aligned} \tag{3.34}$$

Wir setzen wieder $F(x) := P(X \leq x)$ und nennen $F(x)$ wie im diskreten Fall die **Verteilungsfunktion** von X. Nun können wir präzisieren, was wir unter einer stetigen zufälligen Variable verstehen wollen:

Definition 3.12

Eine zufällige Variable X heißt **stetig**, wenn sich ihre Verteilungsfunktion $F(x) = P(X \leq x)$ als Integralfunktion darstellen lässt:

$$F(x) = \int_{-\infty}^{x} f(u)\mathrm{d}u \tag{3.35}$$

mit einer Wahrscheinlichkeitsdichte $f(x)$.

Stetige zufällige Variable entstehen in der Regel durch einen **Messprozess**, dabei kann X alle Werte innerhalb eines (sinnvollen) Intervalls annehmen. In vielen Fällen kann eine stetige zufällige Variable nur Werte oberhalb einer gewissen Grenze a annehmen, Formel (3.35) lautet dann

$$F(x) = \begin{cases} \int_a^x f(u)\mathrm{d}u & \text{für } x \geq a, \\ 0 & \text{sonst.} \end{cases} \tag{3.36}$$

Aus $F(x)$ kann man wegen des Hauptsatzes der Differenzial- und Integralrechnung durch Ableiten die Dichte wieder zurückgewinnen:

$$F'(x) = f(x) \tag{3.37}$$

für alle Punkte x, in denen $f(x)$ stetig ist.

Für ein beliebiges Intervall $(a; b]$ folgt aus (3.35) die wichtige Formel

$$\boxed{P(a < X \leq b) = F(b) - F(a) = \int_a^b f(x)\mathrm{d}x,} \tag{3.38}$$

deren Aussage Bild 3.4 illustriert: $P(a < X \leq b)$ ist der Inhalt des Flächenstückes, welches zwischen den Geraden $x = a$ und $x = b$ liegt sowie nach oben von der Dichte $f(x)$ und nach unten von der x-Achse begrenzt wird.

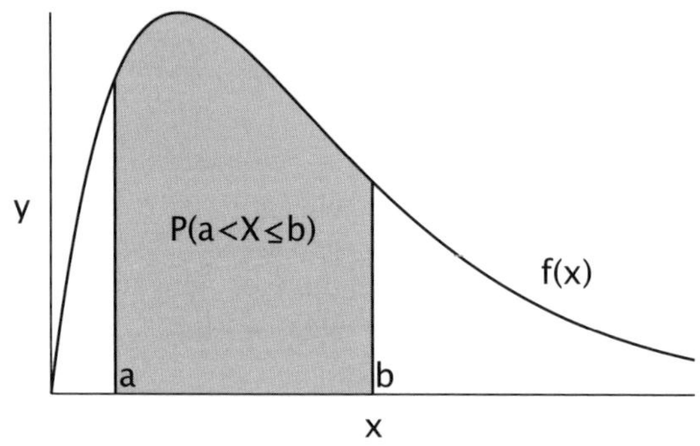

Bild 3.4: Illustration von Formel (3.38)

Aus (3.35) folgt auch, dass die Verteilungsfunktion $F(x)$ einer stetigen zufälligen Variablen eine stetige Funktion ist. Diskrete und stetige zufällige Variable unterscheiden sich also auch durch ihre Verteilungsfunktionen: Im ersten Fall ist sie eine Treppenfunktion, im zweiten Fall eine stetige Funktion. Diese zwei Fälle füllen nicht die volle Allgemeinheit aus, es sind auch Verteilungsfunktionen vorstellbar, die abschnittsweise stetig und nicht konstant sind und dazwischen Sprungstellen haben. Sie führen zu **allgemeinen** zufälligen Variablen, die hier nicht näher betrachtet werden (siehe z. B. [2]).

Wichtige Familien von Verteilungen stetiger zufälliger Variablen sind die **stetige Gleichverteilung** (Rechteckverteilung, Bsp. 3.24), die **Exponentialverteilung** (Aufgaben 3.20 und 3.24) sowie die in Abschnitt 3.8 ausführlich behandelte **Normalverteilung**.

Erwähnt sei noch, dass das Analogon zur Wahrscheinlichkeit p_j im diskreten Fall nicht etwa die Dichte $f(x)$ ist, sondern vielmehr $f(x)\mathrm{d}x$, das sog. **Wahrscheinlichkeitselement**. $f(x)$ kann es schon allein deswegen nicht sein, weil $f(x)$ auch größer als 1 werden kann. Man erhält viele gültige Formeln für stetige zufällige Variable, wenn man in einer gültigen Formel für diskrete zufällige Variable Σ durch $\int$ ersetzt und p_j durch $f(x)\mathrm{d}x$. Lassen wir $\mathrm{d}x$ gegen 0 streben, so folgt, dass für stetige zufällige Variable $P(X = x)$ stets 0 ist, obwohl $X = x$ nicht das unmögliche Ereignis ist! Es ist bei stetigen zufälligen Variablen (dagegen **nicht** bei diskreten!) also gleichwertig, ob man $P(X < x)$ oder $P(X \leq x)$ schreibt.

Beispiel 3.24

An einer Haltestelle kommt pünktlich alle 20 Minuten eine S-Bahn. Eine Person geht, ohne auf die Uhr zu schauen, an die Haltestelle und nimmt die nächste S-Bahn. Die zufällige Variable T bezeichne die Wartezeit in Minuten. Man modelliere die Verteilung von T mit einer geeigneten Dichte und bestimme damit $P(T < 10)$, $P(T > 5)$ und $P(5 < T < 8)$.

Lösung: Da keiner der Zeitpunkte in dem 20-Minuten-Intervall des Eintreffens der Person bevorzugt ist, müssen wir annehmen, dass die Wahrscheinlichkeitsmasse überall gleich dicht verteilt ist. Wartezeiten unter 0 und über 20 Minuten können nicht auftreten, daher ist die Dichte $f(t)$ eine Funktion, die den Wert 0 annimmt außerhalb des Intervalls [0; 20] und einen konstanten Wert k im Inneren. k muss 1/20 sein, damit das Integral, also die Fläche des Rechtecks, gleich 1 ist (siehe Bild 3.5). Wegen der charakteristischen Form der Dichte spricht man auch von einer **Rechteckverteilung** oder **stetigen Gleichverteilung**. Es folgt also

$$f(t) = \begin{cases} 1/20 & \text{für } 0 < t < 20, \\ 0 & \text{sonst} \end{cases}$$

und

$$F(t) = P(T \leq t) = \begin{cases} 0 & \text{für } t < 0, \\ t/20 & \text{für } 0 \leq t < 20, \\ 1 & \text{für } t \geq 20. \end{cases}$$

Damit können wir die gesuchten Wahrscheinlichkeiten berechnen:

$$P(T < 10) = F(10) = \frac{10}{20} = 0{,}50,$$

$$P(T > 5) = 1 - P(T \leq 5) = 1 - F(5) = 1 - \frac{5}{20} = 0{,}75,$$

$$P(5 < T < 8) = F(8) - F(5) = \frac{8}{20} - \frac{5}{20} = 0{,}15.$$

Für die praktische Umsetzung denken wir wieder an relative Häufigkeiten und schließen, dass die Person in ca. 50 % der Fälle weniger als 10 Minuten warten muss usw. ■

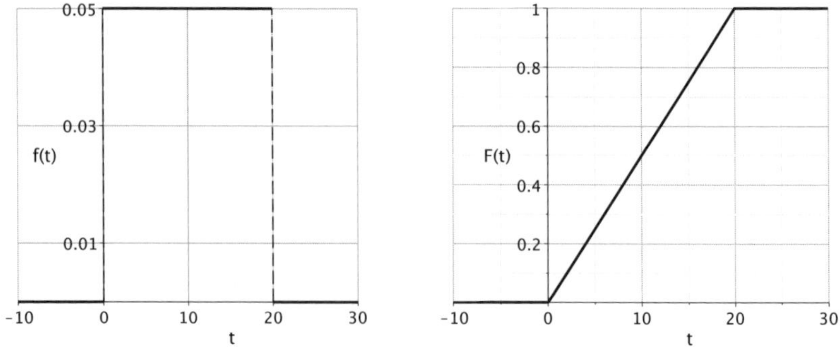

Bild 3.5: Dichte $f(t)$ und Verteilungsfunktion $F(t)$ einer Rechteckverteilung

Aufgaben

3.16 Berechnen Sie $P(X < 2)$, $P(X \leq 2)$ und $P(X > 2)$, wobei X folgendermaßen verteilt ist: $P(X = 0) = P(X = 3) = 1/8$, $P(X = 1) = 1/4$ und $P(X = 2) = 1/2$.

3.17 Zwei Laplace-Würfel werden gleichzeitig geworfen, X bezeichne die Augensumme. Welche Werte kann X annehmen, und mit welchen Wahrscheinlichkeiten? Stellen Sie die Verteilung von X mithilfe eines Stabdiagramms und einer Treppenfunktion dar.

3.18 Angenommen, eine bestimmte Sorte von Getränkeflaschen habe die Füllmenge $(500+X)$ ml, wobei X eine zufällige Variable mit der Dichte $f(x) = 0{,}006(25 - x^2)$ ist für $-5 \leq x \leq 5$ und 0 sonst. Weisen Sie nach, dass der Flächeninhalt unter der Dichtefunktion gleich 1 ist. Bestimmen Sie die Verteilungsfunktion $F(x)$ und skizzieren Sie f und F. Bestimmen Sie die Zahl c so, dass die Füllmenge mit Wahrscheinlichkeit 95 % im Intervall von $500 - c$ bis $500 + c$ liegt.

3.19 X habe die Dichte $f(x) = kx$ für $0 \leq x \leq 4$ und 0 sonst. Bestimmen Sie k. Bestimmen Sie a und b so, dass $P(X \leq a) = 0{,}1$ wird und $P(X \geq b) = 0{,}05$.

3.20 Die in Jahren gemessene Lebensdauer eines Kohlenstoffisotops ^{14}C (gemessen von Beginn der Beobachtung bis zum radioaktiven Zerfall) ist eine zufällige Variable T mit Verteilungsfunktion $F(t) = 1 - \mathrm{e}^{-0{,}00012t}$ für $t > 0$ und 0 sonst. Bestimmen Sie die Wahrscheinlichkeiten $P(T \leq 1000)$ und $P(T > 10000)$. Bestimmen Sie die Halbwertszeit $t_{1/2}$ von ^{14}C, d. h. diejenige Zeit mit $F(t_{1/2}) = 0{,}5$.

3.21 Sei X die in cm angegebene Länge von Stahlstiften in einer Produktion. Aus langer Erfahrung ist hinreichend genau bekannt, dass X eine Dichte der Form $f(x) = k(x - 1{,}9)(2{,}1 - x)$ hat für $1{,}9 < x < 2{,}1$ und 0 sonst. Bestimmen Sie k und skizzieren Sie $f(x)$. Ein Stahlstift wird als unbrauchbar angesehen, wenn seine Länge um mehr als 0,08 cm von 2 cm abweicht. Berechnen Sie die Wahrscheinlichkeit, dass ein zufällig aus der Produktion gezogener Stift unbrauchbar ist. Welcher Anteil an unbrauchbaren Stiften (in %) ist daher auf lange Sicht zu erwarten?

3.6 Erwartungswert und Varianz einer Verteilung

Ähnlich den Maßzahlen in der beschreibenden Statistik ordnet man einer zufälligen Variable X zwei reelle Zahlen zu: den **Erwartungswert**, der die Lage der Werte von X auf der Zahlengeraden charakterisiert, und die **Varianz**, die die Ausbreitung der Werte von X beschreibt.

Definition 3.13

Sei X eine zufällige Variable. Der **Erwartungswert** von X ist

$$\mu = E[X] := \begin{cases} \sum_j x_j p_j, & \text{falls } X \text{ diskret,} \\ \int_{-\infty}^{\infty} x f(x) \mathrm{d}x, & \text{falls } X \text{ stetig.} \end{cases} \tag{3.39}$$

Dabei ist $p_j = P(X = x_j)$ im diskreten Fall die Einzelwahrscheinlichkeit, $f(x)$ im stetigen Fall die Dichte. Statt μ schreibt man auch oft $E[X]$, um die Abhängigkeit dieses Parameters von X auszudrücken. Der Erwartungswert im diskreten Fall ist leicht zu interpretieren: Die einzelnen Realisationen x_j von X werden jeweils mit ihrer Eintritts-Wahrscheinlichkeit $P(X = x_j)$ multipliziert und aufaddiert. Dadurch werden Realisationen, die eine große

Wahrscheinlichkeit haben, stärker gewichtet als solche, die selten eintreten. Ersetzt man den Begriff „Wahrscheinlichkeit" durch „relative Häufigkeit", so wird klar, dass der Erwartungswert das Analogon zum arithmetischen Mittel (2.16) der beschreibenden Statistik ist. Deshalb heißt er manchmal auch „Mittelwert".

Im stetigen Fall ist — wie in Abschnitt 3.5 beschrieben — die Wahrscheinlichkeit $P(X = x_j)$ durch das Wahrscheinlichkeitselement $f(x)\mathrm{d}x$ zu ersetzen.

Da es bei der Berechnung von μ nur auf die Verteilung von X ankommt (gegeben durch die (x_j, p_j) oder durch $f(x)$), nicht aber auf X und das damit zusammenhängende Zufallsexperiment selbst, spricht man auch vom **Erwartungswert einer Verteilung**. Physikalisch interpretiert ist der Erwartungswert dasselbe wie der Schwerpunkt der durch $(x_j,\, p_j), j = 1,\, 2,\, \ldots$ bzw. $f(x)$ gegebenen Masseverteilung.

Beispiel 3.25

X sei die Augenzahl beim einmaligen Wurf eines Laplace-Würfels. Man berechne $E[X]$.

Lösung: Die Wahrscheinlichkeitsverteilung von X lautet:

x_j	1	2	3	4	5	6	Σ
p_j	1/6	1/6	1/6	1/6	1/6	1/6	1

Damit folgt

$$\mu = E[X] = 1 \cdot \frac{1}{6} + 2 \cdot \frac{1}{6} + \ldots + 6 \cdot \frac{1}{6} = \frac{7}{2} = 3{,}5.$$

Das Beispiel zeigt, dass die Bezeichnung „Erwartungswert" irreführend sein kann: μ ist keineswegs der Wert, den man bei einem Wurf „erwartet", denn 3,5 selbst kann nie als Augenzahl eintreten. Eine physikalische Interpretation lautet: μ stellt den Schwerpunkt einer Masseverteilung von jeweils 1/6 Masseeinheiten auf den Stellen 1, 2, …, 6 dar. ∎

Beispiel 3.26

Man bestimme den Erwartungswert einer stetigen Gleichverteilung (siehe Beispiel 3.24) auf dem Intervall $[0;\, a]$ mit $a > 0$.

Lösung: Die Dichte lautet

$$f(x) = \begin{cases} 1/a & \text{für } 0 < x < a, \\ 0 & \text{sonst.} \end{cases}$$

Damit erhalten wir

$$\mu = \int_{-\infty}^{\infty} x f(x)\mathrm{d}x = \int_0^a x\frac{1}{a}\mathrm{d}x = \frac{1}{a}\left[\frac{x^2}{2}\right]_0^a = \frac{a}{2}.$$

$a/2$ ist also der Mittelwert aller gleichwahrscheinlichen Werte im Intervall $[0;\, a]$, ein Ergebnis, das sicher nicht überrascht, wohl aber das Vertrauen stärkt, dass wir den Erwartungswert einer stetigen zufälligen Variablen sinnvoll definiert haben. ■

Um einige grundlegende Sätze über Erwartungswerte formulieren zu können, müssen wir den Begriff der **Unabhängigkeit von Ereignissen** auf die **Unabhängigkeit von zufälligen Variablen** übertragen:

Definition 3.14

Zwei zufällige Variable X und Y heißen **unabhängig**, wenn die Ereignisse $X \leq x$ und $Y \leq y$ für beliebige Zahlen x und y unabhängig sind, also falls

$$P((X \leq x) \wedge (Y \leq y)) = P(X \leq x) \cdot P(Y \leq y) \tag{3.40}$$

gilt. Wenn dies auch nur für ein Zahlenpaar $(x,\, y)$ nicht erfüllt ist, heißen X und Y **abhängig**.

Falls X und Y beide diskret sind, kann man zeigen, dass die Unabhängigkeitsbedingung genau dann erfüllt ist, wenn

$$\boxed{P\big((X = x_i) \wedge (Y = y_j)\big) = P(X = x_i) \cdot P(Y = y_j)} \tag{3.41}$$

für alle x_i im Wertebereich von X und alle y_j in dem von Y gilt.

Beispiel 3.27

Ein Laplace-Würfel werde zweimal geworfen. X sei die Augenzahl beim ersten, Y die beim zweiten Wurf. Sind X und Y abhängig oder unabhängig?

Lösung: Seien x_i und y_j irgendwelche Augenzahlen von 1 bis 6. Dann ist $P((X = x_i) \wedge (Y = y_j)) = 1/36$ (denn Ω hat 36 Elemente, die alle gleichwahrscheinlich sind), andererseits $P(X = x_i) = 1/6 = P(Y = y_j)$. Also sind die beiden zufälligen Variablen unabhängig, was auch intuitiv richtig ist, denn wie sollte der erste Wurf das Ergebnis des zweiten beeinflussen? ■

Beispiel 3.28

In einer Urne seien sechs Kugeln, durchnumeriert von 1 bis 6. Es werden zwei Kugeln nacheinander **ohne** Zurücklegen gezogen. Es sei wieder X die Augenzahl beim ersten Zug, Y die beim zweiten. Man zeige, dass nun die beiden zufälligen Variablen X und Y abhängig sind.

Lösung: Nach Formel (3.22) müsste bei Unabhängigkeit von X und Y gelten: $P(X = i \mid Y = j) = P(X = i)$ für beliebige $i, j = 1, 2, \ldots, 6$. Dies ist aber z. B. für $i = j = 1$ schon nicht erfüllt, denn $P(X = 1 \mid Y = 1) = 0$, weil nicht zweimal dieselbe Zahl gezogen werden kann, dagegen $P(X = 1) = 1/6$ nach Laplace. Also sind X und Y abhängig, der eine Zug beeinflusst den jeweils anderen. ∎

Es folgen einige wichtige Eigenschaften des Erwartungswerts:

Definition und Satz 3.9

Eine Verteilung heißt **symmetrisch** zu c, falls $f(c-x) = f(c+x)$ für alle x ist. Ihr Erwartungswert ist dann gleich c.

Der Satz ist unmittelbar einleuchtend, wenn man wieder an eine Masseverteilung denkt: Der Schwerpunkt eines Stabes mit symmetrischer Masseverteilung muss genau im Symmetriezentrum sein. Mit diesem Satz kann man sofort die Erwartungswerte aus den Beispielen 3.25 und 3.26 ohne größere Rechnung erneut bestimmen, denn die dortigen Verteilungen sind symmetrisch.

Satz über den Erwartungswert einer Summe 3.10

Der Erwartungswert der Summe von zwei zufälligen Variablen X und Y ist gleich der Summe der Erwartungswerte, und dabei ist es **egal**, ob X und Y abhängig oder unabhängig sind:

$$E[X+Y] = E[X] + E[Y]. \tag{3.42}$$

Beispiel 3.29

Sei Z die Augensumme beim Werfen zweier Laplace-Würfel. Man berechne den Erwartungswert von Z.

Lösung: Ohne Kenntnis von (3.42) müsste man zunächst die Verteilung von Z bestimmen (36 Elementarereignisse, Z kann die Werte 2 bis 12 annehmen).

Wesentlich eleganter rechnet man jedoch mit (3.42): Der Erwartungswert des einzelnen Wurfes beträgt 3,5, also ist $E[Z] = 3{,}5 + 3{,}5 = 7$. ∎

Interessanterweise gilt eine ähnliche Aussage wie (3.42) **nicht** mehr uneingeschränkt, wenn man „Summe“ durch „Produkt“ ersetzt:

Satz über den Erwartungswert eines Produkts 3.11

Seien X und Y **unabhängige** zufällige Variable. Dann gilt

$$E[X \cdot Y] = E[X] \cdot E[Y]. \tag{3.43}$$

Auf die Unabhängigkeits-Voraussetzung kann nicht verzichtet werden:

Beispiel 3.30

Eine Laplace-Münze wird geworfen. Wir setzen

$$X := \begin{cases} 0 & \text{für Adler,} \\ 1 & \text{für Zahl} \end{cases} \quad \text{und} \quad Y := \begin{cases} 1 & \text{für Adler,} \\ 0 & \text{für Zahl.} \end{cases}$$

Man bestimme $E[X]$, $E[Y]$ und $E[X \cdot Y]$.

Lösung: Wegen der Laplace-Annahme ist $E[X] = 0 \cdot 1/2 + 1 \cdot 1/2 = 1/2$, ebenso $E[Y] = 1/2$. Dagegen ist $X \cdot Y$ immer 0 und daher auch $E[X \cdot Y] = 0$. Also ist hier $E[X \cdot Y] \neq E[X] \cdot E[Y]$. In der Tat sind X und Y abhängig, sie haben sogar die höchste Stufe von Abhängigkeit: Wegen $Y = 1 - X$ sind sie **funktional** abhängig. ∎

Häufig benötigt man nicht den Erwartungswert von X selbst, sondern den der zufälligen Variablen $g(X)$, wobei g irgendeine stetige, für alle reellen x definierte Funktion ist. Man kann ihn wie folgt bestimmen:

Satz 3.12

Sei $g(x)$ stetig, X eine zufällige Variable mit $P(X = x_j) = p_j$ bzw. Dichte $f(x)$. Dann gilt

$$E[g(X)] = \begin{cases} \displaystyle\sum_j g(x_j)p_j, & \text{falls } X \text{ diskret} \\ \displaystyle\int_{-\infty}^{\infty} g(x)f(x)\mathrm{d}x, & \text{falls } X \text{ stetig.} \end{cases} \tag{3.44}$$

Dieser Satz wird oft als völlig selbstverständlich angesehen, ist jedoch nicht trivial, denn zunächst einmal ist nach Definition (3.39)

$$E[g(X)] = \int_{-\infty}^{\infty} x \cdot (\text{Dichte von g}(X))\, \mathrm{d}x.$$

Der Satz sagt jedoch, dass man sich die Bestimmung der Dichte von $g(X)$ sparen kann, weil gilt

$$E[g(X)] = \int_{-\infty}^{\infty} g(x) \cdot (\text{Dichte von } X)\, \mathrm{d}x.$$

Eine wichtige Konsequenz daraus ist der

Satz über die Linearität des Erwartungswertes 3.13

Für eine zufällige Variable X und beliebige reelle Zahlen a und b gilt

$$E[a + bX] = a + bE[X]. \tag{3.45}$$

Denn aus (3.44) folgt für $g(X) := a + bX$ im stetigen Fall

$$\begin{aligned} E[a + bX] &= \int_{-\infty}^{\infty} (a + bx) f(x) \mathrm{d}x \\ &= a \int_{-\infty}^{\infty} f(x) \mathrm{d}x + b \int_{-\infty}^{\infty} x f(x) \mathrm{d}x = a + bE[X]. \end{aligned}$$

Im diskreten Fall rechnet man ganz analog.

Neben dem Erwartungswert spielt die **Varianz** einer Verteilung eine entscheidende Rolle:

Definition 3.15

Sei X eine zufällige Variable mit $\mu = E[X]$. Dann ist die **Varianz** von X gleich

$$\sigma^2 := \mathrm{Var}(X) := E[(X - \mu)^2]. \tag{3.46}$$

Die Varianz ist nie negativ, daher existiert stets $\sigma := \sqrt{\sigma^2}$ und heißt **Standardabweichung** von X.

Nach (3.44) ergeben sich die Formeln

$$\sigma^2 = \begin{cases} \sum_j (x_j - \mu)^2 p_j, & \text{falls } X \text{ diskret,} \\ \\ \int_{-\infty}^{\infty} (x-\mu)^2 f(x)\mathrm{d}x, & \text{falls } X \text{ stetig.} \end{cases} \tag{3.47}$$

Daraus wird klar, dass die Varianz ein Maß für die Ausbreitung der zufälligen Variablen X ist: Liegen die Realisationen von X eng um μ, so ist σ^2 kleiner als wenn auch Realisationen x mit großem Abstand zu μ angenommen werden (siehe Bild 3.6 mit zwei Dichten mit demselben Erwartungswert und verschiedenen Varianzen). Da zur Berechnung von σ^2 nur die Kenntnis der

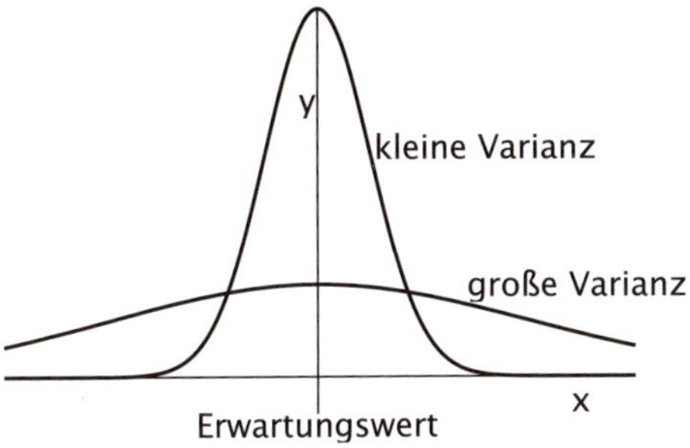

Bild 3.6: Bedeutung von Erwartungswert und Varianz

(x_j, p_j) bzw. von f erforderlich ist, spricht man auch von der **Varianz einer Verteilung**.

Für die praktische Berechnung ist die folgende Umformung günstig:

$$\begin{aligned} E[(X-\mu)^2] &= E[X^2 - 2X\mu + \mu^2] = E[X^2] - 2\mu \underbrace{E[X]}_{\mu} + \mu^2 \\ &= E[X^2] - \mu^2. \end{aligned} \tag{3.48}$$

Dabei wurden der Satz über den Erwartungswert einer Summe von zufälligen Variablen (3.42) und die Linearität des Erwartungswertes (3.45) benutzt.

Beispiel 3.31

Man berechne die Varianz und Standardabweichung der Verteilung der Augenzahl X beim einmaligen Wurf eines Laplace-Würfels.

Lösung: In Beispiel 3.25 ist die Verteilung von X angegeben. Daraus folgt $E[X^2] = 1^2 \cdot \frac{1}{6} + 2^2 \cdot \frac{1}{6} + \ldots + 6^2 \cdot \frac{1}{6} = \frac{91}{6}$. Wegen $\mu = E[X] = 7/2$ folgt $\sigma^2 = E[X^2] - \mu^2 = \frac{91}{6} - \left(\frac{7}{2}\right)^2 = \frac{35}{12} \approx 2{,}92$ und $\sigma = \sqrt{35/12} \approx 1{,}71$. ■

Beispiel 3.32

Die Länge eines Werkstückes wird mit einer Schieblehre gemessen. Die tatsächliche Länge sei k. Aufgrund von Messungenauigkeiten ist der am Messgerät abgelesene Wert aber eine zufällige Variable, die laut Herstellerangabe jeden Wert im Intervall $[k - a; k + a]$ mit bekanntem $a > 0$ annehmen kann. Wenn man über die Verteilung von X keinerlei Vorwissen hat, muss man annehmen, dass jeder Wert in diesem Intervall gleichwahrscheinlich ist, X also einer Rechteckverteilung gehorcht (siehe Bild 3.5). Bestimmen Sie Varianz und Standardabweichung von X unter dieser Annahme.

Lösung: X ist vom stetigen Typ mit Dichte

$$f(x) = \begin{cases} 1/(2a) & \text{für } k - a < x < k + a, \\ 0 & \text{sonst} \end{cases}$$

Da die Dichte symmetrisch zu k ist, gilt $\mu = E[X] = k$, daher

$$\begin{aligned} \sigma^2 &= E[X^2] - k^2 = \int_{k-a}^{k+a} x^2 \frac{1}{2a} \mathrm{d}x - k^2 = \frac{1}{2a} \left[\frac{x^3}{3}\right]_{k-a}^{k+a} - k^2 \\ &= \frac{1}{6a}[(k+a)^3 - (k-a)^3] - k^2 = \frac{a^2}{3} \end{aligned}$$

und $\sigma = a/\sqrt{3}$. ■

Für Varianzen gibt es ebenfalls einen wichtigen Additionssatz, der allerdings im Unterschied zum Additionssatz für Erwartungswerte (3.42) nicht ohne die Unabhängigkeitsvoraussetzung auskommt:

Satz über die Varianz einer Summe 3.14

Seien X und Y **unabhängige** zufällige Variable. Dann gilt

$$\mathrm{Var}(X + Y) = \mathrm{Var}(X) + \mathrm{Var}(Y). \tag{3.49}$$

Dass auf die Voraussetzung der Unabhängigkeit nicht verzichtet werden kann, zeigt wiederum Beispiel 3.30. Für die dort definierten zufälligen Variablen X und Y gilt nämlich

$$\text{Var}(X) = E[X^2] - E[X]^2 = 0^2 \cdot \frac{1}{2} + 1^2 \cdot \frac{1}{2} - (0 \cdot \frac{1}{2} + 1 \cdot \frac{1}{2})^2 = 1/4,$$

ebenso $\text{Var}(Y) = 1/4$, aber $X+Y$ ist konstant gleich 1, also gar keine zufällige Variable mehr und daher ist $\text{Var}(X+Y) = 0 \neq \text{Var}(X) + \text{Var}(Y)$.

Bei einer linearen Transformation $Y = a + bX$ reagiert die Varianz nur auf den Faktor b bei X, nicht jedoch auf die Verschiebung a, wie schon von den Streuungsmaßen der beschreibenden Statistik bekannt ist:

Satz 3.15

Sei X eine zufällige Variable mit $\text{Var}(X) = \sigma^2$ und sei $Y = a + bX$. Dann gilt

$$\text{Var}(Y) = b^2 \cdot \sigma^2. \tag{3.50}$$

Wir können nun einen vor allem im Zusammenhang mit der in Abschnitt 3.8 behandelten Normalverteilung wichtigen Begriff einführen:

Definition und Satz 3.16

Sei X eine zufällige Variable mit $\mu = E[X]$ und $\sigma^2 = \text{Var}(X)$. Dann heißt die zufällige Variable

$$Z := \frac{X - \mu}{\sigma} \tag{3.51}$$

die zu X gehörende **standardisierte** Variable. Für Z folgt wegen (3.45) und (3.50):

$$E[Z] = 0 \quad \text{und} \quad \text{Var}(Z) = 1. \tag{3.52}$$

Eine wichtige Konsequenz aus den bisherigen Sätzen ist der

Satz über Erwartungswert und Varianz des arithmetischen Mittels 3.17

Seien $X_1, X_2, \ldots, X_n$ unabhängige und identisch verteilte zufällige Variable, die alle denselben Erwartungswert μ und dieselbe Varianz σ^2 besitzen. Das arithmetische Mittel $\overline{X} = \frac{1}{n}\sum_{i=1}^{n} X_i$ ist dann ebenfalls eine zufällige Variable, und es gilt:

$$E[\overline{X}] = \mu, \tag{3.53}$$

$$\operatorname{Var}(\overline{X}) = \frac{\sigma^2}{n}. \tag{3.54}$$

In Worten heißt dies: Das arithmetische Mittel unabhängiger und identisch verteilter zufälliger Variablen hat denselben Erwartungswert wie jede einzelne Variable X_i, aber eine **kleinere Standardabweichung**, nämlich $\sigma/\sqrt{n}$. Diese geht sogar mit wachsendem n gegen 0, kann also durch Erhöhung der Anzahl der Beobachtungen **beliebig klein** gemacht werden, ohne dass sich dabei der Erwartungswert ändert. Diese Tatsache begründet das wichtige

Gesetz der großen Zahlen

Seien $X_1, X_2, \ldots$ unabhängige zufällige Variable, die alle identisch verteilt sind mit Mittelwert μ und Varianz σ^2. Dann gilt für jedes noch so kleine $\varepsilon > 0$:

$$\lim_{n\to\infty} P(|\overline{X} - \mu| \leq \varepsilon) = 1. \tag{3.55}$$

Das bedeutet: Wenn n nur groß genug ist, dann unterscheiden sich $\overline{X}$ und μ mit hoher Wahrscheinlichkeit nur um den kleinen Wert ε oder weniger. Man sagt auch: $\overline{X}$ **konvergiert stochastisch** gegen μ.

Aufgaben

3.22 Bestimmen Sie Erwartungswert und Varianz der diskreten zufälligen Variablen X mit der Wahrscheinlichkeitsverteilung

x_j	1	2	3
p_j	0,3	0,6	0,1

3.23 Geben Sie die zu X aus der vorherigen Aufgabe gehörende standardisierte Variable Z an sowie deren Verteilung, und weisen Sie explizit nach: $E[Z] = 0$ und $\text{Var}(Z) = 1$.

3.24 Die stetige zufällige Variable X möge nur positive Werte annehmen und habe die Dichte einer sog. **Exponentialverteilung** mit einem festen Parameter $\lambda > 0$:

$$f(x) = \begin{cases} 0 & \text{für } x \leq 0, \\ \lambda \mathrm{e}^{-\lambda x} & \text{für } x > 0. \end{cases}$$

Bestimmen Sie die Verteilungsfunktion $F(x)$, und berechnen Sie $E[X]$ und $\text{Var}(X)$.

3.25 Leiten Sie die Formeln (3.53) und (3.54) aus den Sätzen (3.45), (3.42), (3.50) und (3.49) her. Wo genau wird die Unabhängigkeit der X_i gebraucht?

3.26 Angenommen, die Messergebnisse einer Größe k liegen alle im Intervall $[k - a; k + a]$ mit bekanntem $a > 0$, werden aber zu den Rändern des Intervalls hin immer seltener. Diese Erscheinung kann man am einfachsten mit einer symmetrischen **Dreieckverteilung** (siehe Bild 3.7) modellieren. Bestimmen Sie die Höhe h so, dass f eine Wahrscheinlichkeitsdichte wird und berechnen Sie Varianz und Standardabweichung dieser Verteilung.

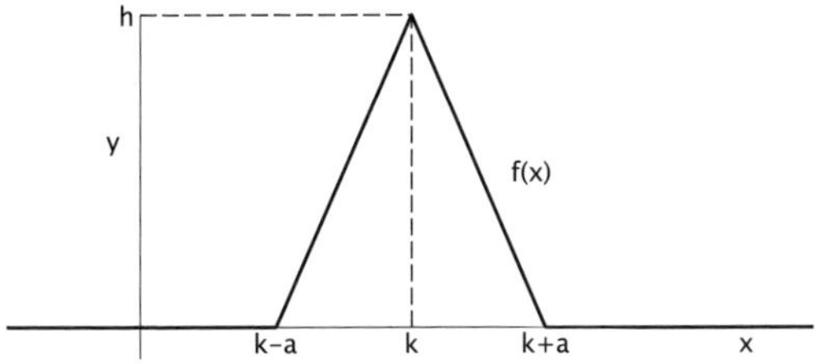

Bild 3.7: Dreieckverteilung

3.7 Wichtige diskrete Verteilungen

In diesem Abschnitt behandeln wir einige ausgewählte Familien von diskreten Wahrscheinlichkeitsverteilungen, die in den Ingenieurwissenschaften eine wichtige Rolle spielen.

Die Binomialverteilung

Definition 3.16

Ein Zufallsexperiment, welches nur zwei Ausgänge kennt (ein Ereignis A tritt ein oder nicht), heißt **Bernoulli-Experiment**. Wird ein Bernoulli-Experiment n-mal hintereinander unter denselben Bedingungen ausgeführt, spricht man von einer **Bernoulli-Kette** der Länge n.

Beispiele sind das n-malige Werfen einer Münze (Kopf oder Zahl), das n-malige Ziehen einer Kugel aus einer Urne **mit** Zurücklegen (schwarz oder weiß), die Produktion von n Artikeln (defekt oder nicht-defekt).

Es sei $p := P(A)$ die Wahrscheinlichkeit, dass das interessierende Ereignis A bei einem einzelnen Bernoulli-Experiment eintritt, und die zufällige Variable X bezeichne die Anzahl, wie oft A bei den n Versuchen der Bernoulli-Kette eingetreten ist. X kann offenbar die Werte $0, 1, \ldots, n$ annehmen. Weil die n Experimente sich nach Voraussetzung nicht gegenseitig beeinflussen, sind alle Ereignisse A bzw. $\overline{A}$ unabhängig, daher ist die Wahrscheinlichkeit, dass k-mal A und $(n-k)$-mal $\overline{A}$ in einer festen Reihenfolge eintritt, gleich

$$P(\underbrace{AA\ldots A}_{k}\underbrace{\overline{A}\,\overline{A}\ldots\overline{A}}_{n-k}) = p^k \cdot (1-p)^{n-k}.$$

Nun gibt es nach (3.2) aber $\binom{n}{k}$ Möglichkeiten, wie sich die k Ereignisse A auf die insgesamt n Plätze verteilen können. Alle diese Möglichkeiten sind disjunkt, wir erhalten daher

$$\boxed{P(X=k) = \binom{n}{k} p^k (1-p)^{n-k} \text{ für } k = 0, 1, \ldots, n.} \tag{3.56}$$

Definition 3.17

> Eine diskrete zufällige Variable X heißt **binomialverteilt** mit Parametern n und p, kurz: $X \sim \text{Bi}(n; p)$, wenn ihre Verteilung gegeben ist durch Formel (3.56).

Der Name leitet sich von dem in der Formel vorkommenden Binomialkoeffizienten ab. Bild 3.8 zeigt zwei Stabdiagramme von binomialverteilten zufälligen Variablen für verschiedene Werte von n und p. Die Verteilung ist immer unimodal, d. h. eingipflig, aber in der Regel nicht symmetrisch (außer für $p = 0{,}5$). Für die Berechnung von $P(X = k)$ genügt häufig ein Taschenrechner, für große n verwende man ein Computeralgebrasystem oder Näherungsformeln (siehe Poisson-Verteilung, Normalverteilung). Die Schwierigkeit liegt

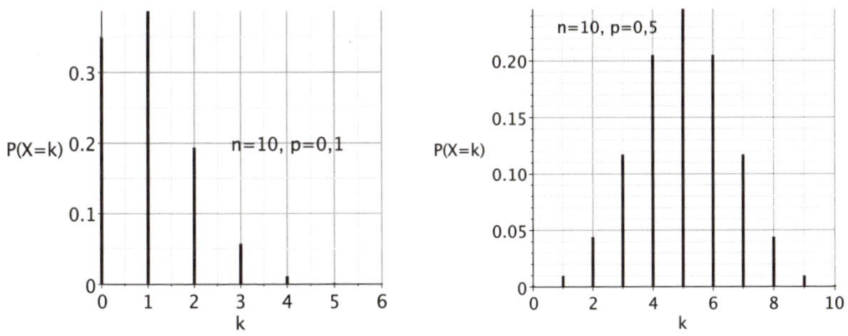

Bild 3.8: Verschiedene Binomialverteilungen

nicht darin, $P(X = k)$ für eine binomialverteilte zufällige Variable auszurechnen, sondern darin, in einem konkreten Fall zu entscheiden, ob hier eine Binomialverteilung vorliegt oder nicht. Folgende Fälle decken nahezu alle Anwendungen der Binomialverteilung ab:

- Ziehen **mit** Zurücklegen aus einer endlichen Grundgesamtheit;
- Ziehen **ohne** Zurücklegen aus einer unendlichen Grundgesamtheit (z. B. aus einem laufenden Produktionsprozess) oder näherungsweise aus einer sehr großen Grundgesamtheit (z. B. Bevölkerung eines Landes);
- unabhängige Wiederholungen eines Zufallsexperimentes (z. B. Schießen auf eine Scheibe, Würfeln, Glücksspiele usw.)

Beispiel 3.33

Eine Maschine stellt Artikel her, und man weiß aus langer Erfahrung, dass darunter 5 % unbrauchbare Artikel sind. Wir können jede Fertigstellung eines Artikels als ein Zufallsexperiment auffassen, bei dem das Ereignis „unbrauchbar“ mit Wahrscheinlichkeit $p = 0{,}05$ eintritt. Die einzelnen Produktionen seien unabhängig, d. h., die Maschine hat kein Gedächtnis, mit dem sie sich merkt, dass sie gerade eben ein gutes oder schlechtes Stück produziert hat. Die Artikel werden in Kisten zu je 100 Stück verpackt. Es sei X die Anzahl unbrauchbarer Artikel in einer zufällig ausgewählten Kiste. Man bestimme die Wahrscheinlichkeit, dass genau sechs unbrauchbare Stücke in der Kiste sind.

Lösung: Es gilt $X \sim \text{Bi}(100; 0{,}05)$, also folgt

$$\begin{aligned} P(X = 6) &= \binom{100}{6} \cdot 0{,}05^6 \cdot 0{,}95^{94} \\ &= \frac{100 \cdot 99 \cdot 98 \cdot 97 \cdot 96 \cdot 95}{6 \cdot 5 \cdot 4 \cdot 3 \cdot 2 \cdot 1} \cdot 0{,}05^6 \cdot 0{,}95^{94} = 0{,}1500. \end{aligned}$$

Interpretation: Langfristig sind in 15 % der Kisten jeweils genau sechs unbrauchbare Artikel. ∎

Dass dic Summe aller Wahrscheinlichkeiten einer binomialverteilten zufälligen Variablen 1 ergibt, folgt aus der binomischen Formel (3.4):

$$\sum_{k=0}^{n} \binom{n}{k} p^k (1-p)^{n-k} = (p + 1 - p)^n = 1^n = 1.$$

Um den Erwartungswert und die Varianz zu bestimmen, muss man nicht etwa zuerst die gesamte Verteilung von X nach (3.56) ausrechnen und damit μ und σ^2, vielmehr kann man allgemein zeigen:

Satz 3.18

Sei $X \sim \text{Bi}(n; p)$. Dann gilt:

$$\mu = E[X] = np \quad \text{und} \quad \sigma^2 = \text{Var}(X) = np(1-p). \tag{3.57}$$

Die Poisson[1]-Verteilung

Definition 3.18

Eine diskrete zufällige Variable X, welche die Werte 0, 1, 2, ... annehmen kann, heißt **Poisson-verteilt** mit Parameter $\lambda > 0$, kurz: $X \sim \text{Po}(\lambda)$, wenn ihre Verteilung gegeben ist durch

$$P(X = k) = \frac{\lambda^k}{k!}\mathrm{e}^{-\lambda}, \text{ für } k = 0, 1, 2, \ldots. \tag{3.58}$$

Die Poisson-Verteilung ist ebenfalls unimodal (eingipflig) und erreicht ihren Modalwert (Gipfel) bei $k = \lfloor \lambda \rfloor$, wobei $\lfloor \lambda \rfloor$ die größte ganze Zahl kleiner oder gleich λ bezeichnet. Die Bedeutung der Poisson-Verteilung in der Technik und Physik liegt in folgendem Satz:

Satz 3.19

Sei $X \sim \text{Bi}(n; p)$. Es strebe $n \to \infty$ und gleichzeitig $p \to 0$, aber so gekoppelt, dass das Produkt np den konstanten Wert λ beibehält. Dann ist X asymptotisch Poisson-verteilt, d. h.

$$\lim_{n\to\infty, p\to 0} P(X = k) = \frac{\lambda^k}{k!}\mathrm{e}^{-\lambda} \text{ für } k = 0, 1, 2, \ldots. \tag{3.59}$$

Die für die Praxis entscheidende Folgerung daraus ist: Gegeben sei eine Bernoulli-Kette der Länge n, X sei die Anzahl, wie oft dabei das Ereignis A eingetreten ist. Dann ist streng genommen $X \sim \text{Bi}(n; p)$. Für große Längen n und kleine Wahrscheinlichkeiten p darf man jedoch aufgrund von (3.59) die Formel (3.56) für die Binomialverteilung durch die einfachere Formel (3.58) für die Poisson-Verteilung ersetzen, wobei $\lambda = np$ zu wählen ist. Numerische Analysen zeigen, dass die Näherung bereits für $n \geq 10$ und $p \leq 0{,}1$ in der Regel ausreichend genau ist.

Beispiel 3.34

Für das vorhergehende Beispiel bestimme man nochmals $P(X = 6)$, diesmal über die Näherung mit der Poisson-Verteilung.

[1] Siméon Poisson (1781–1840), frz. Mathematiker und Physiker

Lösung: Es ist $n = 100$ und $p = 0{,}05$, also $\lambda = np = 5$, und wir erhalten

$$P(X = 6) \approx \frac{5^6}{6!} \mathrm{e}^{-5} = 0{,}1462,$$

der genauere Wert betrug 0,1500. Wir haben also eine gute Näherung mit geringem Rechenaufwand erzielt. ■

Für die Poisson-Verteilung kann man ebenfalls μ und σ^2 allein aufgrund des Parameters λ angeben, ohne die gesamte Verteilung zu berechnen:

Satz 3.20

Sei $X \sim \mathrm{Po}(\lambda)$. Dann gilt:

$$\mu = E[X] = \lambda \quad \text{und} \quad \sigma^2 = \mathrm{Var}(X) = \lambda. \tag{3.60}$$

Die Poisson-Verteilung spielt auch in der Physik eine wichtige Rolle. Wir setzen folgende zwei Annahmen als gegeben voraus:

Annahme I: Punktförmige Ereignisse mögen unabhängig voneinander zu zufälligen Zeitpunkten eintreffen (z. B. Emission von α-Teilchen aus einer radioaktiven Substanz, Eintreffen von Kunden an einem Schalter, Vorbeifahren von Autos an einem Messpunkt u.v.m.)

Annahme II: Die Wahrscheinlichkeit p, dass genau ein Ereignis in dem kleinen Intervall $[t;\, t + \Delta t]$ stattfindet, ist zur Intervalllänge Δt proportional: $p = \varrho \cdot \Delta t$ mit konstantem $\varrho > 0$.

Wir teilen das Intervall von 0 bis t in n gleiche Teile der Länge $\Delta t = t/n$ ein. Die zufällige Variable N_t bezeichne die Anzahl der Ereignisse von 0 bis t. Dann folgt aus den genannten Voraussetzungen, dass N_t nach $\mathrm{Bi}(n; p)$ verteilt ist und aus (3.59) für große n und kleine p, dass $N_t \sim \mathrm{Po}(np)$, wobei $np = (t/\Delta t) \cdot \varrho \Delta t = \varrho t$ ist. Wir erhalten also:

$$N_t \sim \mathrm{Po}(\varrho t). \tag{3.61}$$

Insbesondere treten in dieser Verteilung n und Δt gar nicht mehr als Parameter auf, sondern nur die Länge der Beobachtung t und der Proportionalitätsfaktor ϱ, der wie folgt geschätzt werden kann:

Sei T die Länge eines langen Beobachtungs-Zeitintervalls. Nach (3.60) ist $E[N_T] = \varrho T$, also $E[N_1] = \varrho$. Somit ist ϱ der Erwartungswert für die Anzahl der Ereignisse **pro Zeiteinheit**. Laut Gesetz der großen Zahlen (3.55) konvergiert $\overline{N}_1$ gegen ϱ, und für ganzzahlige T ist

$$\begin{aligned} \varrho &\approx \overline{N}_1 = \frac{1}{T}\sum_{i=0}^{T-1} \text{Anzahl Ereignisse in } [i;\, i+1] \\ &= \frac{\text{Anzahl Ereignisse in } [0;T]}{T} = \frac{N_T}{T}. \end{aligned} \tag{3.62}$$

Also ist N_T/T eine Schätzung für ϱ, und diese Schätzung wird umso besser, je größer T ist.

Beispiel 3.35

Bei einer radioaktiven Substanz werden mit einem Geiger-Müller-Zählrohr in einer Stunde 1961 Zerfallsakte registriert. Man bestimme die Wahrscheinlichkeit dafür, dass in einem 10-Sekunden-Intervall (a) genau drei, (b) mehr als drei Zerfallsakte stattfinden.

Lösung: Als Zeiteinheit wird die Sekunde gewählt, was aber für die Rechnung egal ist. Wir setzen $T = 3600$ und $N_T = 1961$ und schätzen nach (3.62): $\varrho \approx 1961/3600 = 0{,}545$. Also ist die Anzahl Ereignisse in einem Intervall der Länge t nach (3.61) Poisson-verteilt mit Parameter $0{,}545\,t$, insbesondere $N_{10} \sim \text{Po}(5{,}45)$. Es folgt

$$P(N_{10} = 3) = \frac{5{,}45^3}{3!}\mathrm{e}^{-5{,}45} = 0{,}1159$$

und

$$P(N_{10} > 3) = 1 - P(N_{10} \le 3) = 1 - \sum_{k=0}^{3} \frac{5{,}45^k}{k!}\mathrm{e}^{-5{,}45} = 0{,}7926. \quad ■$$

Die hypergeometrische Verteilung

Die hypergeometrische Verteilung spielt in folgender Situation eine Rolle: Gegeben sind N verschiedene Objekte, darunter M mit einer bestimmten Eigenschaft A, z. B. defekte Stücke. Es wird eine Stichprobe vom Umfang n **ohne** Zurücklegen gezogen. Mit welcher Wahrscheinlichkeit sind darunter genau m Stück mit A? Die zufällige Variable X bezeichne die Anzahl Objekte mit der Eigenschaft A. Da es nicht auf die Reihenfolge der Ziehung ankommt (man kann sich auch vorstellen, alle n Stück würden gleichzeitig gezogen), ist die Anzahl der möglichen Stichproben „n aus N" gleich $\binom{N}{n}$. Um genau m defekte Stücke zu ziehen, müssen m aus den M defekten stammen und der Rest $(n-m)$ aus den $(N-M)$ nicht-defekten. Mit dem Satz von Laplace (3.19) folgt

$$P(X=m) = \frac{\binom{M}{m}\binom{N-M}{n-m}}{\binom{N}{n}}. \qquad (3.63)$$

Definition 3.19

Eine diskrete zufällige Variable X heißt **hypergeometrisch verteilt** mit Parametern N, M und n, kurz: $X \sim \mathrm{H}(N; M; n)$, wenn die Wahrscheinlichkeit $P(X=m)$ durch die Formel (3.63) gegeben ist.

Die geschilderte Situation tritt typischerweise bei der Annahme-/Endkontrolle von Waren auf.

Beispiel 3.36

In einer Kiste sind zehn Artikel, davon zwei defekte. Der Qualitätskontrolleur wählt drei Artikel zufällig aus (natürlich ohne Zurücklegen). X sei die Anzahl defekter Stücke in der Stichprobe. Man bestimme die Verteilung von X.

Lösung: Mit den obigen Bezeichnungen gilt: $N=10$, $M=2$, $n=3$. Außerdem kann X nur die Werte 0, 1 und 2 annehmen. Mit (3.63) folgt

$$\begin{aligned} P(X=0) &= \binom{2}{0}\binom{8}{3}\Big/\binom{10}{3} = \frac{7}{15}, \\ P(X=1) &= \binom{2}{1}\binom{8}{2}\Big/\binom{10}{3} = \frac{7}{15}, \\ P(X=2) &= \binom{2}{2}\binom{8}{1}\Big/\binom{10}{3} = \frac{1}{15}. \end{aligned}$$

Zur Kontrolle: Die Summe aller Wahrscheinlichkeiten ist 1. ■

Für Erwartungswert und Varianz einer hypergeometrisch verteilten zufälligen Variable kann man zeigen:

Satz 3.21

Sei $X \sim \mathrm{H}(N;\, M;\, n)$. Dann gilt:

$$\mu = E[X] = n\frac{M}{N} \quad \text{und} \quad \sigma^2 = \mathrm{Var}(X) = n\frac{M}{N}\left(1 - \frac{M}{N}\right)\frac{N-n}{N-1}. \qquad (3.64)$$

Diese auf den ersten Blick kompliziert erscheinenden Ausdrücke erschließen sich leichter, wenn man $p := M/N$ setzt, also der Wahrscheinlichkeit, beim ersten Zug ein Element mit der Eigenschaft A zu ziehen, und mit den entsprechenden Formeln für die Binomialverteilung vergleicht. Dann gilt nämlich $E[X] = np$ genau wie bei der Binomialverteilung (siehe (3.57)) und

$$\mathrm{Var}(X) = np(1-p) \cdot \frac{N-n}{N-1} < np(1-p) \text{ für } n \geq 2. \qquad (3.65)$$

Ab Stichprobenumfang $n = 2$ hat also X bei „Ziehen ohne Zurücklegen“ eine kleinere Varianz als bei „Ziehen mit Zurücklegen“. Der in (3.65) auftretende Faktor $\frac{N-n}{N-1}$ heißt auch **Korrekturfaktor für endliche Grundgesamtheiten**. Man erkennt, dass für großen Grundgesamtheit-Umfang N und relativ dazu kleinen Stichprobenumfang n der Korrekturfaktor nahe bei 1 liegt, die Varianzen für beide Stichprobenmodelle (Ziehen mit und ohne Zurücklegen) also nahezu gleich sind. Dies ist auch anschaulich klar, denn für großes N und kleines n wird die Grundgesamtheit durch die einzelnen Ziehungen auch im Falle „ohne Zurücklegen“ kaum verändert, die einzelnen Ziehungsergebnisse sind nahezu unabhängige zufällige Variable, und die hypergeometrische Verteilung nähert sich der Binomialverteilung an.

Aufgaben

3.27 Wie groß ist die Wahrscheinlichkeit p, dass beim Lotto „6 aus 49“ unter den sechs (ohne Zusatzzahl) gezogenen Kugeln die „1“ ist? Man vergleiche p mit den relativen Häufigkeiten in Beispiel 3.11.

3.28 In einer Urne sind zehn Kugeln, darunter vier weiße und sechs schwarze. Es werden daraus fünf Kugeln zufällig gezogen und zwar (*a*) **mit** Zurücklegen, (*b*) **ohne** Zurücklegen. Die zufällige Variable X bezeichne die Anzahl der gezogenen weißen Kugeln im Fall (*a*), Y dasselbe im Fall (*b*). Welchen Verteilungen gehorchen X und Y? Berechnen Sie die Wahrscheinlichkeitsverteilungen, und bestimmen Sie mit den bekannten Formeln Erwartungswert und Varianz von X und Y.

3.29 Berechnen Sie für $n = 12$ und $p = 0{,}08$ die Wahrscheinlichkeitsverteilungen der zufälligen Variablen $X \sim \mathrm{Bi}(n; p)$ und $Y \sim \mathrm{Po}(np)$ und vergleichen Sie die Ergebnisse.

3.30 In einem Land werden in einem Jahr 124 000 Geburten registriert. Wie groß ist die Wahrscheinlichkeit, dass innerhalb eines zufällig ausgewählten 5 Minuten-Intervalls zwei oder mehr Geburten stattfinden?

3.31 Angenommen, 1 % der von einer Maschine hergestellten Artikel sind defekt. Defekte Artikel tauchen immer mal wieder zufällig in der Produktion auf. Die Artikel werden in Kisten zu je 100 Stück verpackt. Der Hersteller garantiert, dass in jeder Kiste höchstens zwei defekte Stücke sind. Bestimmen Sie die Wahrscheinlichkeit dafür, dass diese Versicherung verletzt wird, d. h. die Wahrscheinlichkeit, dass unter 100 zufällig ausgewählten Stücken mehr als zwei defekte sind. Rechnen Sie exakt mit der Binomialverteilung sowie approximativ mit der Poisson-Verteilung.

3.32 Ein Verbraucher bekommt eine Kiste mit 50 Artikeln. Im Rahmen der Eingangskontrolle wird die Kiste stichprobenartig nach folgendem Prüfplan geprüft: Es werden fünf Artikel zufällig entnommen (ohne Zurücklegen) und getestet. Wenn keiner oder einer davon defekt ist, wird die Kiste angenommen, andernfalls zurückgeschickt. Bestimmen Sie die Wahrscheinlichkeit, dass die Kiste angenommen wird, wenn sie (*a*) keinen defekten Artikel, (*b*) genau drei defekte Artikel, (*c*) genau zehn defekte Artikel, (*d*) nur defekte Artikel enthält.

3.8 Die Normalverteilung

Die im Folgenden betrachtete Normalverteilung spielt eine ganz zentrale Rolle bei den praktischen Anwendungen der Wahrscheinlichkeitsrechnung, da viele Erscheinungen in der Realität (zumindest näherungsweise) einer solchen Verteilung gehorchen.

Definition 3.20

Eine stetige zufällige Variable X heißt **normalverteilt** mit Parametern μ und $\sigma > 0$, kurz: $X \sim \mathrm{N}(\mu; \sigma^2)$, wenn sie folgende Dichtefunktion besitzt:

$$f(x) = \frac{1}{\sigma\sqrt{2\pi}}\, \mathrm{e}^{-\frac{1}{2}\left(\frac{x-\mu}{\sigma}\right)^2} . \qquad (3.66)$$

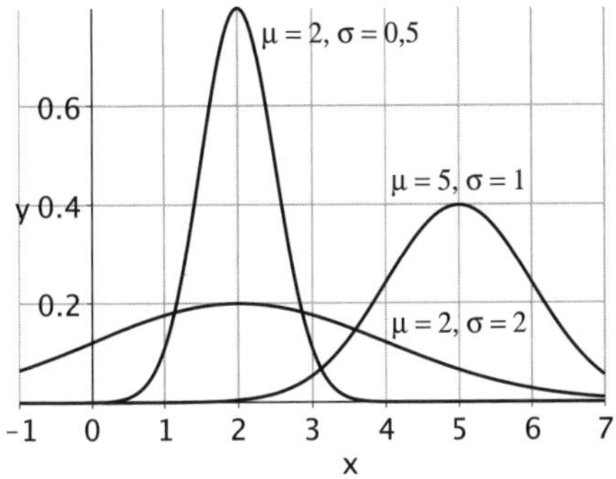

Bild 3.9: Einige Dichtefunktionen von Normalverteilungen

Der Vorfaktor $\frac{1}{\sigma\sqrt{2\pi}}$ sorgt dafür, dass die Bedingung $\int_{-\infty}^{\infty} f(x)\mathrm{d}x = 1$ erfüllt ist. Für die charakteristische Glockenform der Kurve ist allein die e-Funktion verantwortlich. Nach ihrem Entdecker C. F. Gauß wird sie auch **Gaußsche Glockenkurve**, die dadurch definierte Wahrscheinlichkeitsverteilung neben Normalverteilung auch **Gauß-Verteilung** genannt. Bild 3.9 zeigt drei solche Dichtefunktionen für verschiedene Werte von μ und σ.

Sei nun $f(x)$ die durch (3.66) gegebene Dichte und X eine nach $\mathrm{N}(\mu;\, \sigma^2)$ verteilte zufällige Variable, d. h.

$$P(X \le x) = \int_{-\infty}^{x} f(v)\mathrm{d}v. \tag{3.67}$$

Eine Kurvendiskussion ergibt:

- Der Graph von f ist symmetrisch zu $x = \mu$ gelegen, an dieser Stelle ist auch das einzige Maximum. Aus der Symmetrie folgt sofort $E[X] = \mu$. Der erste Parameter heißt also zurecht μ, denn er ist nicht irgendeine Zahl, sondern der Erwartungswert der Verteilung.
- $f(x)$ hat Wendepunkte an den beiden Stellen $\mu - \sigma$ und $\mu + \sigma$. Daher ist die Kurve schmal und hoch für kleine σ, dagegen breit und flach für große σ.
- Es gilt $\mathrm{Var}(X) = E[(X-\mu)^2] = \int_{-\infty}^{\infty} (x-\mu)^2 f(x)\mathrm{d}x = \sigma^2$. Der Parameter heißt also zurecht σ, denn er bezeichnet die Standardabweichung von X.

Die Wahrscheinlichkeit, dass $a < X \le b$ ist, ist gegeben durch (3.38), also

$$P(a < X \le b) = F(b) - F(a), \tag{3.68}$$

wobei $F(x)$ die durch $F(x) = P(X \leq x) = \int_{-\infty}^{x} f(v)\mathrm{d}v$ gegebene Stammfunktion von f ist. $F(x)$ kann jedoch **nicht** mit elementaren Funktionen, d. h. integralfrei, dargestellt werden. Man kann $F(x)$ aber numerisch berechnen und für viele Werte von x in einer Tabelle eintragen. Dabei stellt sich das praktische Problem, dass F neben x auch noch von μ und σ abhängt, und man sehr viel Tabellenplatz benötigen würde, um F für genügend viele Tripel (x, μ, σ) zu tabellieren. Es zeigt sich jedoch, dass sich alle Normalverteilungen durch Standardisierung leicht auf eine einzige zurückführen lassen.

Linearitätssatz der Normalverteilung 3.22

Sei $X \sim \mathrm{N}(\mu; \sigma^2)$, und seien a und $b \neq 0$ irgendwelche reellen Zahlen. Dann ist die zufällige Variable $Y := a + bX$ ebenfalls normalverteilt mit Erwartungswert $E[Y] = a + b\mu$ und Varianz $\mathrm{Var}(Y) = b^2\sigma^2$.

Das Neue an diesem Satz sind nicht die Formeln für Erwartungswert und Varianz, diese sind schon aus (3.45) und (3.50) bekannt. Entscheidend ist, dass die linear transformierte Variable Y wieder normalverteilt ist! Geht man von einer beliebigen, nach $\mathrm{N}(\mu; \sigma^2)$ verteilten zufälligen Variablen X zu der zugehörigen standardisierten Variablen (vgl. (3.51)) $Z := \frac{X - \mu}{\sigma} = \frac{1}{\sigma}X - \frac{\mu}{\sigma}$ über, so folgt aus dem Linearitätssatz, dass Z nach $\mathrm{N}(0; 1^2)$ verteilt ist. Diese ausgezeichnete Normalverteilung wird Standard-Normalverteilung genannt:

Definition 3.21

Eine zufällige Variable X heißt **standard-normalverteilt**, wenn sie normalverteilt ist mit $\mu = 0$ und $\sigma^2 = 1$. Ihre Dichte lautet dann

$$\varphi(z) := \frac{1}{\sqrt{2\pi}}\,\mathrm{e}^{-z^2/2} \tag{3.69}$$

und ihre Verteilungsfunktion

$$\Phi(z) := P(Z \leq z) = \frac{1}{\sqrt{2\pi}} \int_{-\infty}^{z} \mathrm{e}^{-x^2/2}\,\mathrm{d}x. \tag{3.70}$$

Für die praktische Berechnung von Wahrscheinlichkeiten einer beliebigen, nach $N(\mu;\sigma^2)$ normalverteilten zufälligen Variablen X folgt die Beziehung

$$\begin{aligned} F(x) &= P(X \le x) = P\left(\frac{X-\mu}{\sigma} \le \frac{x-\mu}{\sigma}\right) = P\left(Z \le \frac{x-\mu}{\sigma}\right) \\ &= \Phi\left(\frac{x-\mu}{\sigma}\right) \end{aligned}$$

und daraus die wichtige Umrechnungsformel

$$P(a < X \le b) = F(b) - F(a) = \Phi\left(\frac{b-\mu}{\sigma}\right) - \Phi\left(\frac{a-\mu}{\sigma}\right). \tag{3.71}$$

Die Werte von $\Phi(z)$ sind im Anhang in Tabelle A.1 aufgelistet für $z \ge 0$. Bei negativen Argumenten von Φ beachte man, dass wegen der Symmetrie der Dichte der Standard-Normalverteilung zu 0 (siehe Bild 3.10) gilt:

$$\Phi(-z) = 1 - \Phi(z). \tag{3.72}$$

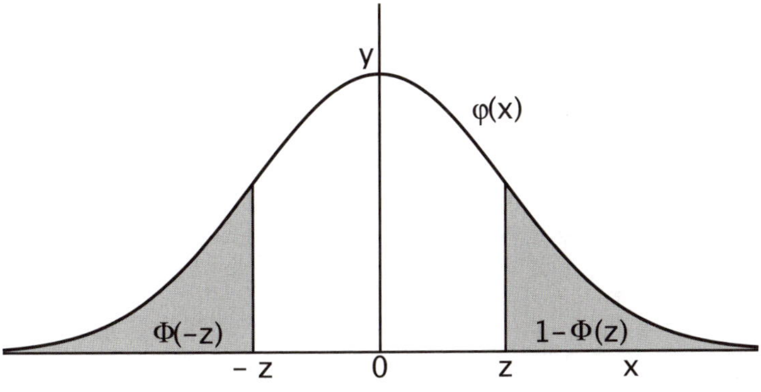

Bild 3.10: Illustration von Formel (3.72)

Beispiel 3.37

Sei $X \sim N(1;\,2^2)$. Man bestimme die Wahrscheinlichkeiten

(*a*) $P(X \le 2{,}84)$, (*b*) $P(X \le -1{,}2)$,

(*c*) $P(X \ge 0{,}8)$, (*d*) $P(2 \le X \le 9)$.

Lösung: Man beachte $\mu = 1$ und $\sigma = 2$. Mit (3.71) und Tabelle A.1 folgt

(a) $P(X \leq 2{,}84) = \Phi\left(\frac{2{,}84 - 1}{2}\right) = \Phi(0{,}92) = 0{,}8212.$

(b) $P(X \leq -1{,}2) = \Phi\left(\frac{-1{,}2 - 1}{2}\right) = \Phi(-1{,}1) = 1 - \Phi(1{,}1) = 0{,}1357.$

(c) $P(X \geq 0{,}8) = 1 - P(X < 0{,}8) = 1 - \Phi(-0{,}1) = \Phi(0{,}1) = 0{,}5398.$

(d) $P(2 \leq X \leq 9) = \Phi(4) - \Phi(0{,}5) = 1 - 0{,}6915 = 0{,}3085.$ ■

Beispiel 3.38

Sei X normalverteilt mit Erwartungswert 3 und Varianz 1/4. Bestimmen Sie c so, dass (a) $P(X \geq c) = 0{,}4$, (b) $P(X \leq c) = 0{,}5$.

Lösung:

(a) $0{,}4 = P(X \geq c) = 1 - P(X < c) = 1 - \Phi\left(\frac{c-3}{1/2}\right)$, also $\Phi\left(\frac{c-3}{1/2}\right) = 0{,}6.$

Durch umgekehrte Anwendung von Tabelle A.1, d. h. durch Aufsuchen von 0,6 **im Innern** der Tabelle, findet man (letzte Ziffer mit linearer Interpolation)

$$\frac{c-3}{1/2} = 0{,}253 \Rightarrow c = 3{,}127.$$

(b) $c = \mu = 3.$ ■

Häufig braucht man die Wahrscheinlichkeit dafür, dass eine normalverteilte zufällige Variable Werte in dem symmetrisch zu μ gelegenen Intervall $[\mu - k\sigma; \mu + k\sigma]$ mit $k > 0$ annimmt. Es ist üblich, die Abweichung von μ in Einheiten von σ anzugeben und vom ***kσ*-Intervall** zu sprechen. Wir erhalten nach (3.71)

$$\begin{aligned} P(\mu - k\sigma \leq X \leq \mu + k\sigma) &= \Phi\left(\frac{\mu + k\sigma - \mu}{\sigma}\right) - \Phi\left(\frac{\mu - k\sigma - \mu}{\sigma}\right) \\ &= \Phi(k) - \Phi(-k) = \Phi(k) - (1 - \Phi(k)) = 2\Phi(k) - 1. \end{aligned} \tag{3.73}$$

Speziell für $k = 1, 2, 3$ ergeben sich folgende Werte:

$$\begin{aligned} P(\mu - 1\sigma \leq X \leq \mu + 1\sigma) &= 2\Phi(1) - 1 = 2 \cdot 0{,}8413 - 1 = 0{,}6826, \\ P(\mu - 2\sigma \leq X \leq \mu + 2\sigma) &= 2\Phi(2) - 1 = 2 \cdot 0{,}9772 - 1 = 0{,}9544, \\ P(\mu - 3\sigma \leq X \leq \mu + 3\sigma) &= 2\Phi(3) - 1 = 2 \cdot 0{,}9987 - 1 = 0{,}9974. \end{aligned}$$

In Worten heißt das:

Satz 3.23

Bei einer nach $N(\mu;\, \sigma^2)$ verteilten zufälligen Variablen X liegen

- ca. 68 % der beobachteten Werte zwischen $\mu - \sigma$ und $\mu + \sigma$,
- ca. 95 % der beobachteten Werte zwischen $\mu - 2\sigma$ und $\mu + 2\sigma$,
- ca. 99,7 % der beobachteten Werte zwischen $\mu - 3\sigma$ und $\mu + 3\sigma$.

Man sieht, dass **praktisch alle** Realisationen von X im 3σ-Intervall liegen.

Man kann auch umgekehrt fragen: Wie muss k gewählt werden, damit die Wahrscheinlichkeit p, dass X in das $k\sigma$-Intervall fällt, einen vorgegebenen Wert annimmt, also etwa einen möglichst „glatten" Wert wie $p = 0{,}95$ oder $p = 0{,}99$? Aus (3.73) folgt mit $p = P(\mu - k\sigma \leq X \leq \mu + k\sigma)$:

$$\Phi(k) = \frac{1+p}{2}. \tag{3.74}$$

Für $p = 0{,}95$ ergibt sich z. B. $\Phi(k) = 0{,}975$ und aus Tabelle A.1 $k = 1{,}96$.

Bemerkung: Häufig liest man in Büchern über Wahrscheinlichkeitsrechnung Sätze wie „Die Füllmenge von Flaschen ist normalverteilt mit $\mu = 1\,000$ ml und $\sigma = 2$ ml." Was heißt das? Normalverteilt kann nur eine zufällige Variable sein, wo ist aber hier die zufällige Variable? Gemeint ist offenbar, dass die zufällige Variable X =„Füllmenge einer zufällig ausgewählten Flasche" normalverteilt ist. Praktisch bedeutet das, dass der **Anteil** der Flaschen mit Füllmenge zwischen den Grenzen a und b durch Formel (3.71) gegeben ist. Noch undeutlicher wirken ebenfalls häufig anzutreffende Aussagen wie „Die Grundgesamtheit ist normalverteilt mit μ und σ". Hier ist nicht mal mehr klar, welches Merkmal (Volumen, Länge, Intelligenz, ...) normalverteilt ist. Solche Sätze darf man daher nur verwenden, wenn aus dem Zusammenhang unmissverständlich hervorgeht, um welches Merkmal es sich handelt.

Es folgen zwei wichtige Sätze über die Normalverteilung, der **Additionssatz** und der **zentrale Grenzwertsatz**.

Additionssatz der Normalverteilung 3.24

Seien X_1 und X_2 unabhängige und normalverteilte zufällige Variable mit $X_1 \sim \mathrm{N}(\mu_1; \sigma_1^2)$ und $X_2 \sim \mathrm{N}(\mu_2; \sigma_2^2)$. Dann ist die Summe $X_1 + X_2$ ebenfalls normalverteilt mit Mittelwert $\mu_1 + \mu_2$ und Varianz $\sigma_1^2 + \sigma_2^2$:

$$X_1 + X_2 \sim \mathrm{N}\left(\mu_1 + \mu_2; \sqrt{\sigma_1^2 + \sigma_2^2}^{\,2}\right). \tag{3.75}$$

Dieser Satz stellt eine besondere Eigenschaft der Normalverteilung dar, die z. B. für eine stetige Gleichverteilung nicht gilt. Man beachte, dass die Aussage nur gilt für **unabhängige** X_1 und X_2. Außerdem addieren sich die **Varianzen** und nicht etwa die Standardabweichungen:

$$\mathrm{Var}(X_1 + X_2) = \mathrm{Var}(X_1) + \mathrm{Var}(X_2).$$

Beispiel 3.39

Eine Maschine produziert Bolzen, deren Durchmesser normalverteilt ist mit Mittelwert 9,8 mm und Standardabweichung 0,10 mm. Eine andere Maschine bohrt Löcher in eine Metallplatte, deren Durchmesser normalverteilt sind mit Mittelwert 10,0 mm und Standardabweichung 0,08 mm. Die beiden Durchmesser dürfen als unabhängig betrachtet werden. Wie groß ist die Wahrscheinlichkeit, dass ein beliebig ausgewählter Bolzen in ein beliebig ausgewähltes Loch passt?

Lösung: Es bezeichne B den Bolzendurchmesser, L den des Loches. B und L sind unabhängige und normalverteilte zufällige Variable mit $B \sim \mathrm{N}(9{,}8;\ 0{,}1^2)$ und $L \sim \mathrm{N}(10;\ 0{,}08^2)$. Ein Bolzen passt, wenn $B < L$ ist, also $B - L < 0$. Nach dem Linearitätssatz hat $-L$ den Erwartungswert -10 und die Varianz $(-1)^2 \cdot 0{,}08^2 = +0{,}08^2$ (und nicht etwa $-0{,}08^2$!). $B - L$ ist nach dem Additionssatz ebenfalls normalverteilt mit Erwartungswert $9{,}8 - 10 = -0{,}2$ und Varianz $0{,}1^2 + 0{,}08^2 = 0{,}0164 = 0{,}1281^2$. Wir erhalten

$$P(B - L < 0) = \Phi\left(\frac{0 - (-0{,}2)}{0{,}1281}\right) = \Phi(1{,}56) = 0{,}9406.$$

Also wird in ca. 94 % aller Fälle der zufällig ausgewählte Bolzen in das zufällig ausgewählte Loch passen. ∎

Der folgende Satz gibt die Begründung für die herausragende Bedeutung der Normalverteilung:

Zentraler Grenzwertsatz 3.25

Seien X_1, X_2, ... lauter identisch verteilte und unabhängige zufällige Variable (nicht notwendig normalverteilt!), alle mit demselben Erwartungswert μ und derselben Varianz σ^2. Dann hat die Summe $S_n := \sum_{i=1}^{n} X_i$ den Erwartungswert $n\mu$ und die Varianz $n\sigma^2$, also die Standardabweichung $\sqrt{n}\sigma$. Für die dazugehörige standardisierte Variable

$$Z_n := \frac{S_n - n\mu}{\sqrt{n}\sigma} = \frac{\overline{X} - \mu}{\sigma/\sqrt{n}}$$

gilt dann: Für $n \to \infty$ strebt die Verteilung von Z_n gegen die Standard-Normalverteilung, d. h.

$$\lim_{n\to\infty} P(Z_n \leq z) = \Phi(z). \tag{3.76}$$

Man sagt auch: „Z_n ist asymptotisch standard-normalverteilt.“ Entscheidend ist hierbei, dass dies für **beliebige**, selbst nicht normalverteilte X_i gilt, sie müssen nur unabhängig und identisch verteilt sein sowie einen Erwartungswert und eine Varianz besitzen. Bild 3.11 zeigt die Dichtefunktion einer stetigen Gleichverteilung auf dem Intervall [0; 1] (Rechteckverteilung) sowie die Summe von zwei und drei solchermaßen verteilter und unabhängiger zufälliger Variablen. Bereits bei $n = 2$ entsteht eine eingipflige Verteilung, wegen ihrer charakteristischen Form auch **Dreieckverteilung** genannt. Ab $n = 3$ erkennt man schon die typische Glockenform der Dichtefunktion einer Normalverteilung mit den beiden Wendepunkten und dem „glatten“ Gipfel.

Sind die Voraussetzungen des zentralen Grenzwertsatzes erfüllt, geht man in praktischen Anwendungen davon aus, dass Z_n und damit auch S_n und $\overline{X} = \frac{1}{n} S_n$ (alle drei hängen ja linear zusammen) für genügend große n ausreichend genau normalverteilt sind, d. h., man nimmt an

$$Z_n \sim \mathrm{N}(0;\, 1^2), \tag{3.77}$$

$$S_n \sim \mathrm{N}(n\mu;\, (\sigma\sqrt{n})^2) \text{ und} \tag{3.78}$$

$$\overline{X} \sim \mathrm{N}\left(\mu;\, \left(\frac{\sigma}{\sqrt{n}}\right)^2\right). \tag{3.79}$$

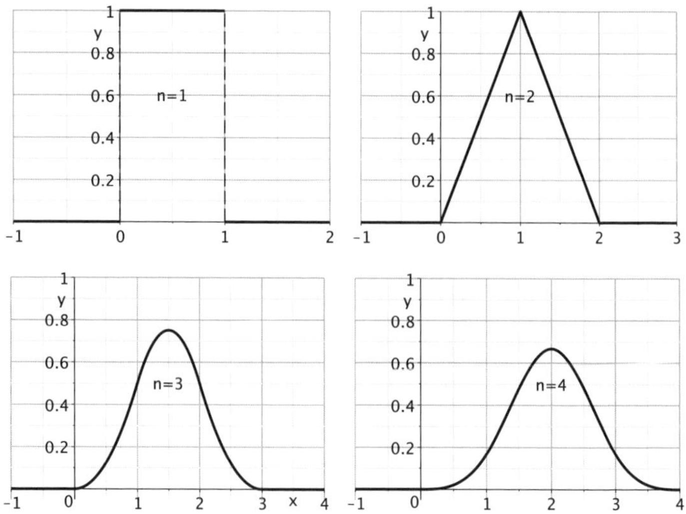

Bild 3.11: Illustration des zentralen Grenzwertsatzes

Etwas grob gefasst kann man sagen: Immer wenn zufällige Erscheinungen sich additiv aus vielen kleinen unabhängigen zufälligen Abweichungen zusammensetzen, liegt näherungsweise Normalverteilung vor.

Beispiel 3.40

Die Fertigung eines Artikels besteht aus sechs Arbeitsgängen, T_i sei die Dauer des i-ten Arbeitsganges in Stunden. Jedes T_i ist eine zufällige Variable, die im Intervall $[1;2]$ gleichverteilt ist. Die Unabhängigkeitsannahme der T_i sei erfüllt. Man bestimme approximativ die Verteilung der Gesamt-Produktionsdauer $T := T_1 + T_2 + \ldots + T_6$ und berechne damit die Wahrscheinlichkeit, dass $T > 10$ ist.

Lösung: T_i hat die Dichte 1 für $1 < t < 2$ und 0 sonst. Wegen der Symmetrie ist $\mu = E[T_i] = 3/2$. Für die Varianz folgt

$$\sigma^2 = \int_1^2 t^2 \cdot 1 \, \mathrm{d}t \; - (3/2)^2 = \frac{1}{3}(8-1) - (3/2)^2 = \frac{1}{12}.$$

T hat daher den Erwartungswert $6 \cdot 1{,}5 = 9$, die Varianz $6 \cdot 1/12 = 1/2$ und die Standardabweichung $\sqrt{1/2}$. Nach dem zentralen Grenzwertsatz ist

T annähernd normalverteilt. Wir erhalten also

$$P(T > 10) = 1 - P(T \leq 10) \approx 1 - \Phi\left(\frac{10-9}{\sqrt{1/2}}\right) = 0{,}0786.$$

In ca. 7,9 % der Fälle wird die Produktion mehr als 10 Stunden dauern. ∎

Es folgt noch ein wichtiger Spezialfall des zentralen Grenzwertsatzes: Sei $X \sim \mathrm{Bi}(n;\, p)$, d. h., X gibt an, wie oft in einer n-fachen Wiederholung unabhängiger Experimente ein Ereignis A mit der Einzelwahrscheinlichkeit p eingetreten ist (vgl. (3.56)). Daher lässt sich X auch als Summe $X = \sum_{i=1}^{n} X_i$ unabhängiger und identisch verteilter zufälliger Variablen X_i darstellen mit

$$X_i := \begin{cases} 1 & \Leftrightarrow \quad \text{beim } i\text{-ten Versuch tritt } A \text{ ein,} \\ 0 & \Leftrightarrow \quad \text{beim } i\text{-ten Versuch tritt } \overline{A} \text{ ein.} \end{cases}$$

Auf X ist somit der zentrale Grenzwertsatz anwendbar. Nach (3.57) ist $\mu = E[X] = np$ und $\sigma^2 = \mathrm{Var}(X) = np(1-p)$. Daher ist

$$P(X \leq x) \approx \Phi\left(\frac{x - np}{\sqrt{np(1-p)}}\right).$$

Die Approximation durch die Normalverteilung kann durch Einführung einer **Stetigkeitskorrektur** von 1/2 noch verbessert werden, und wir erhalten den

Grenzwertsatz von de Moivre und Laplace 3.26

Sei $X \sim \mathrm{Bi}(n;p)$. Dann gilt

$$P(X \leq x) \approx \Phi\left(\frac{x - np + 1/2}{\sqrt{np(1-p)}}\right) \quad \text{und} \tag{3.80}$$

$$P(a \leq X \leq b) \approx \Phi\left(\frac{b - np + 1/2}{\sqrt{np(1-p)}}\right) - \Phi\left(\frac{a - np - 1/2}{\sqrt{np(1-p)}}\right). \tag{3.81}$$

Numerische Experimente zeigen, dass für eine ausreichende Genauigkeit dieser Approximation die **Faustregel**

$$\boxed{np(1-p) > 9} \tag{3.82}$$

erfüllt sein sollte, d. h. n muss hinreichend groß sein, bzw. p darf nicht zu nahe bei 0 oder 1 liegen.

Beispiel 3.41

Bei einer Maschine sind 2 % der erzeugten Produkte unbrauchbar. Die Produkte werden in Kisten zu je 1 000 Stück verpackt. Die Anzahl X unbrauchbarer Stücke in einer Kiste ist also eine nach Bi(1 000; 0,02) verteilte zufällige Variable, der Erwartungswert für die Anzahl unbrauchbarer Artikel in einer Kiste ist $np = 20$. Man berechne die Wahrscheinlichkeit, dass eine Kiste 30 oder mehr defekte Stücke enthält.

Lösung: Mit $n = 1\,000$ und $p = 0{,}02$ folgt $np(1-p) = 19{,}6 > 9$, die Faustregel (3.82) ist also erfüllt, und wir können rechnen

$$\begin{aligned} P(X \geq 30) &= 1 - P(X \leq 29) \approx 1 - \Phi\left(\frac{29 - 1\,000 \cdot 0{,}02 + 1/2}{\sqrt{1\,000 \cdot 0{,}02 \cdot 0{,}98}}\right) \\ &= 1 - \Phi(2{,}146) = 1 - 0{,}9841 = 0{,}0159. \end{aligned}$$

Damit enthalten also ca. 1,6 % dieser Kisten jeweils 30 oder mehr unbrauchbare Artikel. ∎

Aufgaben

3.33 Eine Maschine produziert 100-Gramm-Tafeln Schokolade. Aufgrund zufälliger Einflüsse sind nicht alle Tafeln gleich schwer. Wir können daher die Masse X einer Tafel als zufällige Variable auffassen. Aus einer langen Beobachtungsreihe ist bekannt, dass X einer Normalverteilung mit Mittelwert $\mu = 100\,\text{g}$ und Standardabweichung $\sigma = 2{,}0\,\text{g}$ gehorcht.

a) Berechnen Sie den Anteil der Tafeln, deren Masse (*i*) weniger als 97 g beträgt; (*ii*) mehr als 101 g beträgt; (*iii*) um mehr als 1,5 g vom Mittelwert abweicht.

b) Wie muss c gewählt werden, damit 93 % der Tafeln in dem Intervall $[\mu - c;\ \mu + c]$ liegen?

c) Eine Tafel wird als „kritisch“ bezeichnet, wenn ihre Masse unter 96 g liegt (der Kunde könnte nachwiegen und reklamieren). Die Tafeln werden in Kisten zu je 200 Stück verpackt. Wie ist die zufällige Variable $N :=$ „Anzahl kritischer Schokoladentafeln in einer Kiste“ verteilt? Berechnen Sie Erwartungswert und Varianz von N.

3.34 Die Massen von Christstollen einer bestimmten Bäckerei seien normalverteilt mit bekannten Parametern $\mu = 1\,000\,\text{g}$ und $\sigma = 15\,\text{g}$. Die einzelnen Massen können als unabhängig voneinander betrachtet werden.

Die Christstollen werden zu je neun Stück in Kartons verpackt und verschickt. Das Verpackungsmaterial hat die konstante Masse 0,2 kg. Wie ist die Gesamtmasse der gefüllten Kartons verteilt? Bestimmen Sie die Wahrscheinlichkeit, dass ein Karton (*i*) weniger als 9 100 g, (*ii*) zwischen 9 155 g und 9245 g wiegt.

3.35 Der Durchmesser X von serienmäßig gefertigten Kugeln sei normalverteilt. μ und σ können mit folgendem Experiment geschätzt werden: Von zwei Sieben hat Sieb A Löcher mit Durchmesser 69 mm, Sieb B Löcher mit Durchmesser 72 mm. Man beobachtet, dass 30,85 % der Kugeln durch Sieb A fallen, dagegen 15,87 % der Kugeln von Sieb B aufgehalten werden. Es gilt also näherungsweise $P(X < 69 \text{ mm}) = 0{,}3085$ und $P(X > 72 \text{ mm}) = 0{,}1587$. Bestimmen Sie daraus Schätzwerte für die Parameter μ und σ der Verteilung von X, indem Sie die Wahrscheinlichkeiten mithilfe von Φ und den noch unbekannten μ und σ ausdrücken und die entstandenen Gleichungen nach μ und σ auflösen.

3.36 20 % der Fahrgäste eines Verkehrsunternehmens sind Schwarzfahrer. Es werden 100 Personen zufällig ausgewählt und überprüft. Es sei $X :=$ „Anzahl Schwarzfahrer unter den 100 Personen“.

a) Ist die Faustregel (3.82) für die Anwendung des Grenzwertsatzes von de Moivre und Laplace erfüllt? Berechnen Sie mithilfe dieses Satzes die Wahrscheinlichkeit, dass unter den 100 Überprüften (*i*) höchstens 20, (*ii*) 10 bis 30, (*iii*) mehr als 25 Schwarzfahrer sind.

b) Bestimmen Sie mit dem Grenzwertsatz ein symmetrisch zu 20 gelegenes möglichst kleines Intervall mit der Eigenschaft, dass X mit einer Wahrscheinlichkeit von mindestens 95 % in diesem Intervall liegt.

4 Schließende Statistik

4.1 Problemstellung, Zufallsstichproben

Im Zusammenhang mit der schließenden Statistik spricht man nicht mehr von der statistischen Masse, sondern von der **Grundgesamtheit**. Diese muss räumlich, zeitlich und sachlich präzise charakterisiert sein (vgl. Abschnitt 2.1). Sie kann endlich oder unendlich sein. Ist sie endlich, so bezeichnen wir mit N den **Umfang** der Grundgesamtheit. An den Elementen der Grundgesamtheit interessiert ein Merkmal X (z. B. Parteizugehörigkeit, Lebensdauer, Masse, Länge etc.). Wir nehmen nun an, die Grundgesamtheit sei entweder unendlich oder endlich mit so großem N, dass es technisch und/oder organisatorisch unmöglich erscheint, alle Elemente zu untersuchen. In diesem Fall ist die einzige Möglichkeit, um Informationen über die Grundgesamtheit zu gewinnen, eine **Stichprobe** vom Umfang n zu entnehmen, diese auszuwerten und von ihr Rückschlüsse auf die Grundgesamtheit zu ziehen. Die Auswahl der in die Stichprobe gelangenden Elemente kann bewusst oder durch Zufall geschehen (vgl. Abschnitt 2.1). Wir betrachten hier nur die zweite Methode und sprechen daher von einer **Zufallsstichprobe**. Es liegt nahe, diesen Begriff mithilfe von zufälligen Variablen zu präzisieren:

Definition 4.1

Eine **Zufallsstichprobe** vom Umfang n ist eine Folge von unabhängigen und identisch verteilten zufälligen Variablen $X_1, X_2, \ldots, X_n$, wobei X_i die Merkmalsausprägung des i-ten Elementes in der Stichprobe bezeichnet. Die X_i heißen **Stichprobenvariablen**.

Nur im Falle einer unendlichen Grundgesamtheit sind die X_i wirklich unabhängig, da das Ziehen eines Elementes den „Rest“ der Grundgesamtheit nicht beeinflusst. Für endliche Grundgesamtheiten dagegen sind die X_i streng genommen abhängig. Wir setzen aber voraus, dass N sehr groß ist, daher ändert das Ziehen eines Elementes die Grundgesamtheit nur wenig. Die X_i dürfen also idealisierend als unabhängig angenommen werden, ohne dass deshalb mit unbrauchbaren Ergebnissen zu rechnen ist. Der Nutzen dieser Annahme liegt auf der Hand: Viele Sätze aus dem vorigen Kapitel machen klar, dass unter der Unabhängigkeitsannahme mit den X_i viel leichter gerechnet werden kann als ohne sie (Additionssatz und zentraler Grenzwertsatz bei Normalverteilung, Approximation der rechenintensiven hypergeometrischen Verteilung durch Binomialverteilung und Normalverteilung etc.)

Die Information, die man aufgrund der Stichprobe über die Grundgesamtheit gewinnen will, lässt sich häufig in Form von **Parametern** darstellen. Ein Parameter ist eine feste aber unbekannte Zahl θ. Im Falle einer endlichen Grundgesamtheit ist θ durch eine Formel gegeben, die von den Ausprägungen aller Elemente abhängt, z. B. beim arithmetischen Mittel eines quantitativen Merkmals $\theta := \frac{1}{N}(x_1 + \ldots + x_N)$. Im Falle einer unendlichen Grundgesamtheit lässt sich keine solche Formel angeben, da N nicht existiert. Hier hilft die Modellbildung der Wahrscheinlichkeitsrechnung weiter: θ ist ein Parameter der gemeinsamen Verteilung der Stichprobenvariablen X_i, z. B. deren Erwartungswert oder Varianz. In jedem Fall aber ist θ eine wohldefinierte Größe, die einen zwar unbekannten, aber nichtsdestoweniger festen Wert hat. θ ist also insbesondere **keine** zufällige Variable!

Beispiel 4.1

Grundgesamtheit	Beispiele für Parameter θ
• Bevölkerung eines Landes	• Anteil p der Personen mit einer bestimmten Eigenschaft (Raucher, Brillenträger, Mann, Frau, Katholik, SPD-Wähler, ...); • Arithmetisches Mittel μ bezüglich eines quantitativen Merkmals; • Streuungsparameter s, R, Q.
• Alle Artikel, die von einer Anlage produziert werden	• $P(X = 0)$, mit $X := 0 \Leftrightarrow$ Artikel defekt • $P(X \leq a)$, mit $X :=$ „Masse eines zufällig ausgewählten Artikels“ • $\mu = E[X]$ • $\sigma^2 = \mathrm{Var}(X)$

■

Die Stichprobe ist die aktuellste Information, die wir über die Grundgesamtheit haben. Aus ihr (und evtl. aus weiter zurückliegenden Beobachtungen) müssen die fraglichen Parameter der Grundgesamtheit geschätzt werden.

Schätzprinzip der schließenden Statistik

Ein unbekannter Parameter der Grundgesamtheit wird durch den entsprechenden Parameter der Stichprobe geschätzt.

Beispielsweise wird die Wahrscheinlichkeit, dass ein produzierter Artikel defekt ist, geschätzt durch den Anteil der defekten Stücke in der Stichprobe. Das arithmetische Mittel einer endlichen Grundgesamtheit wird durch das arithmetische Mittel der Stichprobe geschätzt usw.

Zur Interpretation und Weiterverarbeitung der Informationen aus der Stichprobe wurden drei Gruppen von Verfahren entwickelt, die im Folgenden kurz dargestellt werden: **Punktschätzungen** (Abschnitt 4.2), **Intervallschätzungen** (Abschnitt 4.3) und **Hypothesentests** (Abschnitt 4.4).

4.2 Punktschätzungen

Erwartungstreue Schätzfunktionen

Zur Schätzung eines Parameters θ wird aus den n Stichprobenvariablen ein Wert gebildet, der i. Allg. von allen X_i abhängt. Wir definieren daher

Definition 4.2

Eine Funktion $g(X_1, X_2, \ldots, X_n)$ der Stichprobenvariablen heißt **Stichprobenfunktion** und ist selbst wieder eine zufällige Variable. Wird die Stichprobenfunktion zur Schätzung des Parameters θ verwendet, so heißt sie **Schätzfunktion** oder kurz **Schätzer** für θ und wird mit $\hat{\theta}$ bezeichnet.

Man beachte: θ selbst ist **keine** zufällige Variable, sondern ein fester Wert, $\hat{\theta}$ dagegen ist eine zufällige Variable, deren Realisationen den gesuchten Wert θ mehr oder weniger gut treffen. Wir stellen drei häufig verwendete Schätzfunktionen vor, wobei n stets den Stichprobenumfang bedeutet:

1. Stichprobenmittel $\overline{X}$

Es sei $\mu := E[X]$ mit $X :=$„Ausprägung eines zufällig ausgewählten Elements der Grundgesamtheit“. Im Falle einer endlichen Grundgesamtheit vom Umfang N ist $\mu = \frac{1}{N}(x_1 + x_2 + \ldots + x_N)$. Wir nennen μ den **Mittelwert** der

Grundgesamtheit. Aufgrund des Schätzprinzips ist das **Stichprobenmittel**

$$\hat{\mu} := \overline{X} = \frac{1}{n}(X_1 + X_2 + \ldots + X_n) \tag{4.1}$$

eine Schätzfunktion für μ. Die Großbuchstaben in (4.1) deuten an, dass es sich bei $\hat{\mu}$ um eine zufällige Variable handelt. Meint man dagegen das Ergebnis einer konkreten Stichprobe, schreibt man dafür $\bar{x} = \frac{1}{n}(x_1 + x_2 + \ldots + x_n)$. Häufig werden jedoch im Rahmen der schließenden Statistik zufällige Variablen und ihre Realisationen gar nicht mehr unterschieden und nur noch kleine Buchstaben verwendet.

2. Stichprobenvarianz S^2

Sei X wie oben und $\sigma^2 := \mathrm{Var}(X)$ die **Varianz der Grundgesamtheit**. Ein Schätzer für σ^2 ist die **Stichprobenvarianz**

$$\hat{\sigma}^2 := S^2 = \frac{1}{n-1}\sum_{i=1}^{n}(X_i - \overline{X})^2. \tag{4.2}$$

Warum hier durch $(n - 1)$ und nicht durch n dividiert wird, wird in (4.8) erklärt. Die positive Quadratwurzel aus der Stichprobenvarianz heißt **Standardabweichung der Stichprobe** und wird mit S bezeichnet.

3. Anteilssatz $\hat{p}$

Sei p der Anteil der Elemente mit einer gewissen Eigenschaft A an einer endlichen Grundgesamtheit bzw. $p := P(A)$ bei einer unendlichen, wobei A das Ereignis bedeutet, dass bei einer zufälligen Auswahl eines Elementes die fragliche Eigenschaft auftritt. Dann ist der **Anteilssatz**

$$\hat{p} := \frac{\text{Anzahl } X \text{ der Elemente in der Stichprobe mit } A}{n} \tag{4.3}$$

ein Schätzer für den wahren aber unbekannten Parameter p.

Beispiel 4.2

Eine Stichprobe aus acht zufällig ausgewählten ohmschen Widerständen einer laufenden Produktion ergab die Werte (in Ω):

10,01, 10,03, 9,98, 9,99, 10,02, 9,97, 10,01, 9,99.

Man berechne Stichprobenmittel, Stichprobenvarianz und Standardabweichung der Stichprobe.

Lösung: Aus (4.1) folgt $\bar{x} = \frac{1}{8}(10{,}01 + 10{,}03 + 9{,}98 + \ldots + 9{,}99) = 10{,}00$ und aus (4.2) $s^2 = \frac{1}{7}[(10{,}01 - 10{,}00)^2 + \ldots + (9{,}99 - 10{,}00)^2] = 0{,}000\,428\,6$ und schließlich $s = \sqrt{s^2} = 0{,}020\,70$. Zur Berechnung von s^2 kann auch die bekannte Formel (2.39) verwendet werden. ∎

Wie wir gesehen haben, ist eine Schätzfunktion eine zufällige Variable, kann also bei jedem Versuch anders ausfallen. Man darf somit nicht erwarten, dass die Schätzfunktion $\hat{\theta}$ den zu schätzenden Parameter θ genau trifft. Hingegen sollte eine gute Schätzfunktion wenigstens **im Mittel** richtig schätzen, d. h., ihr Erwartungswert sollte gleich dem zu schätzenden Parameter sein. Nach dem Gesetz der großen Zahlen (3.55) konvergiert dann der Durchschnitt vieler Schätzungen gegen den zu schätzenden Wert θ. Dieses Qualitätskriterium und noch ein weiteres sind Inhalt der folgenden Definition:

Definition 4.3

Eine Schätzfunktion $\hat{\theta}$ für den Parameter θ heißt **erwartungstreu**, **unverfälscht** oder engl. **unbiased**[1], wenn

$$E[\hat{\theta}] = \theta \tag{4.4}$$

ist. Sie heißt **konsistent**, wenn ihre Varianz mit wachsendem Stichprobenumfang n gegen 0 strebt:

$$\lim_{n\to\infty} \mathrm{Var}(\hat{\theta}) = 0. \tag{4.5}$$

Den Begriff der Erwartungstreue kann man durch folgende Analogie verdeutlichen: Es sei der zu schätzende Parameter θ der schwarze Punkt in der Mitte einer Zielscheibe. Die Schätzfunktion $\hat{\theta}$ ist ein fest montiertes Gewehr, jede Schätzung entspricht einem Schuss auf die Scheibe. Durch zufällige Einflüsse trifft man nicht immer auf den gleichen Punkt, jeder Schuss ist also eine zufällige Variable. In Bild 4.1 sind die Gewehre a) und c) erwartungstreu, d. h., sie treffen zwar nicht jedesmal ins Schwarze, sind aber richtig justiert. Gewehr b) dagegen zielt nicht auf die Mitte der Scheibe, sondern nach links unten, Gewehr d) nach rechts unten. Bei b) und d) zielt man also systematisch falsch.

[1] wörtl. „unvoreingenommen"

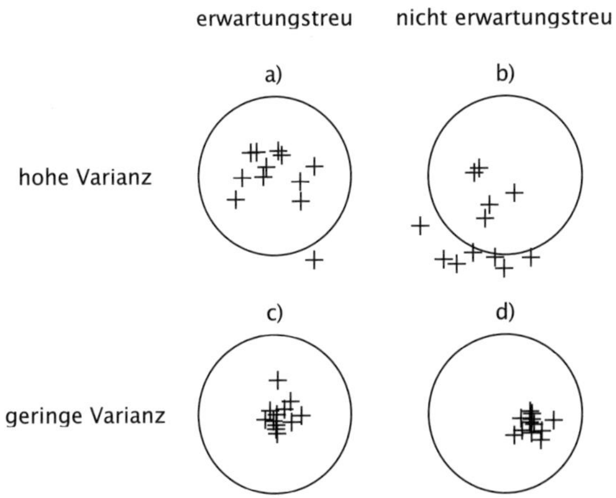

Bild 4.1: Illustration der Erwartungstreue

Konsistenz bedeutet dagegen, dass mit wachsendem n die Schätzung immer genauer wird, sicherlich eine vernünftige Forderung, denn der Mehraufwand durch den größeren Stichprobenumfang muss sich ja lohnen.

Satz 4.1

> Die drei Schätzfunktionen $\overline{X}$ für μ, S^2 für σ^2 und $\hat{p}$ für p sind erwartungstreu und konsistent.

Für $\overline{X}$ ist der Nachweis ganz einfach:

$$E[\overline{X}] = E\left[\frac{1}{n}\sum_{i=1}^{n} X_i\right] = \frac{1}{n}\sum_{i=1}^{n} E[X_i] = \frac{1}{n}\cdot n\mu = \mu, \tag{4.6}$$

also ist $\overline{X}$ eine erwartungstreue Schätzfunktion für μ. Dabei wurden die bekannten Sätze über den Erwartungswert einer Summe (3.42) und die Linearität des Erwartungswertes (3.45) benutzt. Für die Varianz von $\overline{X}$ gilt

$$\operatorname{Var}(\overline{X}) = \operatorname{Var}\left(\frac{1}{n}\sum_{i=1}^{n} X_i\right) = \frac{1}{n^2}\sum_{i=1}^{n} \operatorname{Var}(X_i) = \frac{1}{n^2}\cdot n\sigma^2 = \frac{\sigma^2}{n} \to 0 \tag{4.7}$$

für $n \to \infty$, also ist $\overline{X}$ auch konsistent. Dabei wurden die Sätze (3.49) und (3.50) sowie die Unabhängigkeit(!) der Stichprobenvariablen X_i benutzt.

Man kann nun zeigen, dass die nahe liegende Schätzfunktion $\frac{1}{n}\sum_{i=1}^{n}(X_i - \overline{X})^2$ für σ^2 **nicht erwartungstreu** ist, vielmehr den Erwartungswert

$$E\left[\frac{1}{n}\sum_{i=1}^{n}(X_i - \overline{X})^2\right] = \frac{n-1}{n}\,\sigma^2$$

besitzt, welcher etwas kleiner als σ^2 ist. Die so erhaltene Schätzung wäre also systematisch zu tief! Für große n ist die Abweichung sicherlich vernachlässigbar gering. Der Defekt kann aber generell dadurch behoben werden, dass man durch $n-1$ und nicht durch n dividiert, dann gilt nämlich

$$E\left[\frac{1}{n-1}\sum_{i=1}^{n}(X_i - \overline{X})^2\right] = \sigma^2, \tag{4.8}$$

Die Division durch $n-1$ ist also notwendig, damit eine erwartungstreue Schätzfunktion für σ^2 entsteht.

Angabe von Unsicherheiten beim Messen

Bekanntlich sind Messungen immer mit **Unsicherheiten** behaftet, die man auch **Fehler** oder **Messabweichungen** nennt. Wir nehmen an, bei der Messung einer Größe X (Länge, Masse, Volumen, Spannung etc.) kommt es jedesmal zu zufälligen Abweichungen vom tatsächlichen, unbekannten Wert k. „Zufällige Abweichung“[1] heißt, dass man weder Größe noch Richtung der Abweichung vorhersagen kann. Wir messen dieselbe Größe insgesamt n-mal und legen hierfür das folgende mathematische Modell zugrunde: Die n Messungen sind unabhängige zufällige Variable $X_1, X_2, \ldots, X_n$, alle mit derselben zu k symmetrischen Verteilung mit Erwartungswert k und Standardabweichung σ. Dann ist nach (4.6) der Erwartungswert des arithmetischen Mittels $\overline{X}$ gleich

$$E[\overline{X}] = k.$$

Die Standardabweichung von $\overline{X}$ beträgt dagegen nach (4.7)

$$\sqrt{\mathrm{Var}(\overline{X})} = \frac{\sigma}{\sqrt{n}}, \tag{4.9}$$

[1] Im Gegensatz zu „systematische Abweichung“, die z. B. dann vorliegt, wenn eine Uhr zu schnell geht: Jede Messung ist dann von vorneherein zu groß.

wird somit immer kleiner mit wachsendem n. Mehrfachmessungen haben also eine geringere Standardabweichung und damit eine **höhere Messgenauigkeit** als eine Einzelmessung.

Es ist die Pflicht eines jeden Messenden, die Standardabweichung als Maß für die Unsicherheit beim Messen möglichst genau zu ermitteln und anzugeben, schon allein aus Ehrlichkeit dem Kunden gegenüber, aber auch, um eigene Ergebnisse realistisch einschätzen zu können. Dieser Aufgabe widmet sich der 1995 vom Deutschen Institut für Normung e.V. herausgegebene *Leitfaden zur Angabe der Unsicherheit beim Messen* ([10]). Er spricht von der **Standardunsicherheit** und meint damit die Standardabweichung, vermeidet aber letzteren Begriff, wohl weil dieser allzu häufig automatisch mit der Normalverteilung assoziiert wird.

Bei der Ermittlung der Standardunsicherheit der Messung sind zwei Fälle zu unterscheiden:

Ermittlungsmethode A

Es wird eine aus n unabhängigen Einzelmessungen bestehende Mehrfachmessung durchgeführt. Die Standardabweichung von $\overline{X}$ kann dann geschätzt werden, indem man in der Formel $\operatorname{Var}(\overline{X}) = \sigma^2/n$ die unbekannte Varianz der Einzelmessung σ^2 durch den erwartungstreuen Schätzer S^2 aus (4.2) ersetzt. Man erhält die Formel für die **Standardunsicherheit des arithmetischen Mittels** (jetzt mit Kleinbuchstaben geschrieben, da die Formel die konkreten Messwerte $x_1, x_2, \ldots, x_n$ verwendet):

$$\boxed{s_{\bar{x}} := \frac{s}{\sqrt{n}} = \sqrt{\frac{1}{n \cdot (n-1)} \sum_{i=1}^{n} (x_i - \bar{x})^2}.} \tag{4.10}$$

Ermittlungsmethode B

Die Schätzung der Standardunsicherheit beruht nicht auf einer Mehrfachmessung, sondern auf anderen Informationsquellen, z. B. Herstellerangaben, Qualitätszertifikaten oder einer Analyse des Messgerätes selbst. Die Standardunsicherheit ist hier die Standardabweichung der für die Messwerte zugrunde gelegten Verteilung. Wenn man nur weiß, dass der gemessene Wert bis zu $\pm a$ vom wahren Wert abweicht, so muss man fairerweise eine Rechteckverteilung (jede Abweichung innerhalb des Intervalls $[-a;\ +a]$ ist gleich wahrscheinlich) für den ermittelten Wert annehmen und berechnet wie in Beispiel 3.32 die Standardunsicherheit zu $a/\sqrt{3} = 0{,}5774a$. Die Rechteckverteilung spiegelt hier aber nur den Stand unseres Wissens über das Messgerät wider und darf keineswegs als Aussage über das Messgerät selbst missverstanden werden!

Beispiel 4.3

An einem Effusiometer wird die Ausströmzeit t eines bestimmten Volumens von CO_2 durch eine 1 mm-Düse insgesamt fünfmal gemessen. Es ergeben sich die Werte t_i in Sekunden: 17,21, 17,22, 17,22, 17,20, 17,19. Man berechne das arithmetische Mittel $\bar{t}$ sowie dessen Standardunsicherheit $s_{\bar{t}}$ und stelle das Ergebnis in einer zum Leitfaden konformen Notation dar.

Lösung:

$$\begin{aligned}\bar{t} &= \frac{1}{5}(17{,}21 + 17{,}22 + 17{,}22 + 17{,}20 + 17{,}19) = 17{,}208,\\ s_{\bar{t}} &= \sqrt{\frac{1}{5 \cdot 4}\left[(17{,}21 - 17{,}208)^2 + \ldots + (17{,}19 - 17{,}208)^2\right]}\\ &= 0{,}005\,831.\end{aligned}$$

Der Leitfaden empfiehlt in Abschnitt 7 „Protokollieren der Unsicherheit" insgesamt vier verschiedene Schreibweisen, z. B. $t = (17{,}208 \pm 0{,}006)$ s oder $t = 17{,}208(006)$ s, wobei in der letzten Schreibweise die Ziffern der Standardunsicherheit von rechts her den Ziffern des arithmetischen Mittels zugeordnet sind. Außerdem empfiehlt der Leitfaden, in einem eigenen Satz explizit darauf aufmerksam zu machen, dass es sich bei der zweiten Zahl um die Standardunsicherheit handelt, um Verwechslungen mit den in Abschnitt 4.3 dargestellten Vertrauensintervallen zu vermeiden. ■

Beispiel 4.4

Ein Hersteller gibt an, dass bei Messung eines wahren Wertes k mit einem bestimmten Messgerät 80 % der gemessenen Werte im Intervall $[k - a;\, k + a]$ mit bekanntem $a > 0$ liegen. Außerdem ist bekannt, dass die Messwerte einer Normalverteilung mit Mittelwert k gehorchen. Man bestimme die Standardunsicherheit beim Messen mit diesem Gerät.

Lösung: Es liegt Ermittlungsmethode B vor: die Standardunsicherheit ist die Standardabweichung σ der zugrunde gelegten Normalverteilung. Es bezeichne X die Abweichung des gemessenen Wertes vom wahren. X ist nach $\mathrm{N}(0;\, \sigma^2)$ verteilt. Ersetzt man die angegebene relative Häufigkeit von 80 % durch die Wahrscheinlichkeit 0,8, so folgt

$$0{,}8 = P(-a < X < a) = \Phi\left(\frac{a-0}{\sigma}\right) - \Phi\left(\frac{-a-0}{\sigma}\right) = 2\Phi\left(\frac{a}{\sigma}\right) - 1$$

und daraus

$$\Phi\left(\frac{a}{\sigma}\right) = 0{,}9 \Rightarrow \frac{a}{\sigma} = 1{,}282 \text{ (Tabelle A.1)} \Rightarrow \sigma = \frac{a}{1{,}282} = 0{,}78\,a.$$

Die Standardunsicherheit der Messung beträgt $0{,}78\,a$. ∎

Steigung der Regressionsgeraden

Als letztes Beispiel für eine Punktschätzung betrachten wir die Steigung der ausgleichenden Geraden bei einer linearen Regression. Dieses Problem wurde bereits im Rahmen der beschreibenden Statistik behandelt (Abschnitt 2.8). Erst die Betrachtung unter wahrscheinlichkeitstheoretischen Gesichtspunkten bringt jedoch tiefer liegende Erkenntnisse, wie z. B. die Schätzung für die Unsicherheit der Steigung. Zu diesem Zweck machen wir folgende **Modellannahmen:**

M1:
Es werden zwei Größen X und Y gemessen. Die Messung der Größe X ist dabei so präzise im Vergleich zu Y, dass die n Messwerte $x_1, \ldots, x_n$ **nicht** als zufällige Variablen angesehen werden müssen.

M2:
Die Messwerte y_i dagegen sind mit zufälligen Abweichungen behaftet, also Realisationen von zufälligen Variablen Y_i. Zwischen den Werten x_i und y_i besteht eine lineare Beziehung:

$$y_i = a + bx_i + \varepsilon_i \tag{4.11}$$

mit festen aber unbekannten Zahlen a und b. Dabei ist ε_i der Fehler bei der Messung von y_i. Dieser Fehler soll zufällig und nicht systematisch sein, wir nehmen daher an, dass die ε_i zufällige Variablen sind, die alle denselben Erwartungswert $E[\varepsilon_i] = 0$ besitzen und alle **dieselbe Varianz** σ^2, die nicht bekannt sein muss.

M3:
Alle Abweichungen ε_i sind unabhängig.

Aus **M2** folgt, dass die Wertepaare (x_i, y_i) auf der Geraden $y = a + bx$ liegen würden, wären nicht die Störeinflüsse ε_i vorhanden. Die Parameter a und b können mit der aus Abschnitt 2.8 bekannten Methode der kleinsten Quadrate geschätzt werden:

$$\hat{b} = \frac{s_{xy}}{s_x^2} = \frac{\sum_{i=1}^n (x_i - \bar{x})(y_i - \bar{y})}{\sum_{i=1}^n (x_i - \bar{x})^2} \quad \text{und} \tag{4.12}$$

$$\hat{a} = \bar{y} - \hat{b}\bar{x}. \tag{4.13}$$

Dies sind genau die Formeln (2.74) und (2.75) für die Bestimmung der Regressionsparameter beim linearen Modell. Was jedoch weit über die Erkenntnisse in Abschnitt 2.8 hinausgeht, ist die Tatsache, dass nun $\hat{b}$ und $\hat{a}$ selbst zufällige Variablen sind, denn sie werden ja mithilfe der vom Zufall abhängigen y_i gebildet. $\hat{b}$ und $\hat{a}$ besitzen also jeweils einen Erwartungswert und eine Standardabweichung, sind somit mit Unsicherheiten behaftet. Die Erwartungswerte lassen sich leicht bestimmen:

Aus $E[y_i] = a + bx_i$ und $E[\bar{y}] = E[a + b\bar{x} + \bar{\varepsilon}] = a + b\bar{x}$ folgt:

$$\begin{aligned} E[\hat{b}] &= \frac{1}{s_x^2} \cdot \frac{1}{n-1} \sum_{i=1}^n (x_i - \bar{x})(E[y_i] - E[\bar{y}]) \\ &= \frac{1}{s_x^2} \cdot \frac{1}{n-1} \sum_{i=1}^n (x_i - \bar{x}) b (x_i - \bar{x}) = \frac{1}{s_x^2} \cdot b \cdot s_x^2 = b \end{aligned} \tag{4.14}$$

und

$$E[\hat{a}] = E[\bar{y}] - E[\hat{b}] \cdot \bar{x} = a + b\bar{x} - b\bar{x} = a. \tag{4.15}$$

Wir fassen dieses wichtige Resultat zusammen:

Satz 4.2

Die mit der Methode der kleinsten Quadrate bestimmten und in (4.12) und (4.13) angegebenen Schätzfunktionen $\hat{b}$ und $\hat{a}$ sind **erwartungstreue** Schätzfunktionen für die unbekannten Parameter b und a der Regressionsgeraden $y = a + bx$.

Im Folgenden betrachten wir nur noch die wichtigere Schätzfunktion $\hat{b}$ für die Steigung der Regressionsgeraden. Man kann zeigen, dass ihre Varianz gegeben ist durch

$$\operatorname{Var}(\hat{b}) = \frac{\sigma^2}{(n-1) \cdot s_x^2}. \tag{4.16}$$

Dabei ist σ^2 die Varianz der Einzelmessung Y_i. Da diese nicht bekannt ist, muss sie aus den gemessenen Größen x_i und y_i, $i = 1, \ldots, n$, geschätzt werden. Man erhält nach längerer Rechnung folgendes Resultat:

Die Punktschätzung

$$s_{\hat{b}}^2 := \frac{1}{n-2} \cdot \frac{s_y^2}{s_x^2}(1-r^2) \tag{4.17}$$

für die Varianz von $\hat{b}$ ist erwartungstreu. Dabei sind

$$\begin{aligned} s_y^2 &= \frac{1}{n-1}\sum_{i=1}^{n}(y_i-\overline{y})^2, \\ s_x^2 &= \frac{1}{n-1}\sum_{i=1}^{n}(x_i-\overline{x})^2 \text{ und} \\ r &= \frac{s_{xy}}{s_x s_y} = \frac{1}{s_x s_y}\frac{1}{n-1}\sum_{i=1}^{n}(x_i-\bar{x})(y_i-\bar{y}). \end{aligned} \tag{4.18}$$

Die letzte Größe r ist gerade der aus (2.62) bekannte **Korrelationskoeffizient** der Messwertpaare $(x_1, y_1), \ldots, (x_n, y_n)$. Wir fassen zusammen:

Satz 4.3

Die mit (4.12) berechnete Steigung $\hat{b}$ der Regressionsgerade ist eine zufällige Variable, da bereits die Werte y_i mit zufälligen Abweichungen behaftet sind. Die **Unsicherheit der Steigung** ist ein Schätzer für die Standardabweichung der zufälligen Variablen $\hat{b}$ und gegeben durch

$$s_{\hat{b}} = \frac{s_y}{s_x}\sqrt{\frac{1-r^2}{n-2}}. \tag{4.19}$$

(4.19) folgt aus (4.17) durch Wurzelziehen.

Je kleiner also die Unsicherheit $s_{\hat{b}}$ der Steigung ist, desto verlässlicher ist die aus den Messwertpaaren gewonnene Schätzung $\hat{b}$ für die Steigung der Regressionsgeraden. Wir kommen darauf im Abschnitt 4.3 zurück.

Beispiel 4.5

Wird ein stabförmiger Körper einer Zugkraft ausgesetzt, so kommt es zu einer Längenänderung Δl. Innerhalb gewisser Toleranzgrenzen ist die relative Längenänderung $\Delta l/l$ proportional zur Spannung F/A = Kraft/Querschnittsfläche (siehe [6] S. 177f.):

$$\frac{\Delta l}{l} = \lambda \cdot \frac{F}{A}.$$

Der Kehrwert des Proportionalitätsfaktors λ heißt **Elastizitätsmodul** oder kurz **E-Modul** E. Es gilt also

$$\frac{\Delta l}{l} = \frac{1}{E} \cdot \frac{F}{A}.$$

Das heißt aber, $1/E$ ist die Steigung b der Regressionsgeraden von F/A nach $\Delta l/l$. Man setze die drei Modellannahmen **M1**, **M2** und **M3** dieses Abschnitts als gegeben voraus und berechne eine Punktschätzung $\hat{b}$ für $1/E$ und daraus eine für E, wenn bei einem Kupferstab folgende sechs Wertepaare gemessen wurden ($x = F/A$ in GPa, $y = \Delta l/l$):

x_i	0,1	0,2	0,3	0,4	0,5	0,6
y_i	0,00081	0,00163	0,00244	0,00325	0,00407	0,00488

Zusätzlich bestimme man die Unsicherheit $s_{\hat{b}}$ der Steigung.

Lösung: Aus $\bar{x} = 0{,}3500$ und $\bar{y} = 0{,}002847$ folgt mit $n = 6$:

$$\begin{aligned}
s_x^2 &= \frac{1}{5}\sum_{i=1}^{6}(x_i - 0{,}3500)^2 = 0{,}0350 \Rightarrow s_x = 0{,}1871, \\
s_y^2 &= \frac{1}{5}\sum_{i=1}^{6}(y_i - 0{,}002847)^2 = 2{,}3175 \cdot 10^{-6} \Rightarrow s_y = 0{,}001522, \\
s_{xy} &= \frac{1}{5}\sum_{i=1}^{6}(x_i - 0{,}3500) \cdot (y_i - 0{,}002847) = 0{,}0002848, \\
r &= \frac{s_{xy}}{s_x \cdot s_y} = 0{,}9999982.
\end{aligned}$$

Aus (4.12) folgt: $\hat{b} = \frac{s_{xy}}{s_x^2} = 0{,}0002848/0{,}0350 = 0{,}008137$. Also ist für Kupfer $1/E \approx 0{,}008137$ und $E \approx 1/0{,}008132 = 122{,}89$ GPa.
Aus (4.19) errechnen wir die Unsicherheit der Steigung als

$$s_{\hat{b}} = \frac{0{,}001522}{0{,}1871}\sqrt{\frac{1 - 0{,}9999982^2}{4}} = 7{,}74 \cdot 10^{-6}. \quad \blacksquare$$

Aufgaben

4.1 Die Länge eines Werkstücks wurde sechsmal gemessen. Die Werte lauten in mm:

3,17, 3,19, 3,16, 3,15, 3,17, 3,18.

Man bestimme Schätzwerte für die tatsächliche Länge, für die Standardunsicherheit (Standardabweichung) der Einzelmessung und die des arithmetischen Mittels.

4.2 T sei gleichverteilt im Intervall $[0;\, b]$ mit unbekanntem Parameter $b > 0$. Zur Schätzung von b wird eine Zufallsstichprobe $T_1, T_2, \ldots, T_n$ vom Umfang n „entnommen“, d. h., es werden n unabhängige Versuche durchgeführt. Da b der größte Wert ist, den T annehmen kann, wählt man als Schätzfunktion für b nach dem Schätzprinzip den größten Wert in der Stichprobe:

$$\hat{b} := \max\{T_1, T_2, \ldots, T_n\}.$$

Bestimmen Sie die Dichtefunktion $g(t)$ und den Erwartungswert $E[\hat{b}]$ von $\hat{b}$. Verwenden Sie dabei, dass gilt:

$$P(\hat{b} \leq t) = P(\text{alle } T_i \leq t) = P(T_1 \leq t) \cdot \ldots \cdot P(T_n \leq t)$$

wegen der Unabhängigkeit der T_i. Ist $\hat{b}$ eine erwartungstreue Schätzfunktion für b? Wenn nicht, modifizieren Sie $\hat{b}$ geringfügig zu $\hat{b}^*$, so dass es erwartungstreu wird.

4.3 Ein Hersteller eines Längenmessgerätes garantiert, dass bei einer wahren Länge von k mm 50 % aller gemessenen Werte im Intervall von $k - 0{,}005$ mm bis $k + 0{,}005$ mm liegen. Man bestimme die Standardunsicherheit der Einzelmessung, falls die Abweichungen

a) symmetrisch zu k gleichverteilt sind,

b) symmetrisch zu k normalverteilt sind.

4.3 Intervallschätzungen

Eine Punktschätzung liefert einen Wert $\hat{\theta}$, der in der Nähe des gesuchten Parameters θ liegt. Man weiß aber noch nicht, wie weit diese Schätzung vom wahren Wert abweicht. Diesem Mangel wird durch **Intervallschätzungen** abgeholfen: Dabei wird aufgrund einer Stichprobe ein Intervall bestimmt, welches mit hoher Wahrscheinlichkeit den wahren aber unbekannten Wert θ überdeckt. Diese Schätzmethode ist aufwändiger als eine reine Punktschätzung, liefert dafür aber auch mehr Informationen.

Definition 4.4

Ein Intervall, welches mit einer vorgegebenen hohen Wahrscheinlichkeit $1-\alpha$ (z. B. $1-\alpha = 0{,}90$ oder 0,95 oder 0,99) den wahren aber unbekannten Parameter θ überdeckt, heißt **Konfidenzintervall zum Niveau** $1-\alpha$.

Im Deutschen ist auch die Bezeichnung **Vertrauensintervall** gebräuchlich, für das Niveau sagt man auch **Vertrauenswahrscheinlichkeit**, **Vertrauensniveau** oder **Grad des Vertrauens** (z. B. in [10]). Wir behandeln im Folgenden die Gewinnung von Konfidenzintervallen für die wichtigsten Parameter.

Konfidenzintervall für μ bei einem normalverteilten Merkmal mit bekannter Standardabweichung σ

Wir ziehen eine Stichprobe $(X_1, X_2, \ldots, X_n)$ vom Umfang n, wobei wie immer die zufälligen Variablen X_i unabhängig sein sollen und alle identisch verteilt nach $\mathrm{N}(\mu; \sigma^2)$. σ sei aus zurückliegenden Beobachtungen hinreichend genau bekannt, wir wollen mittels einer Intervallschätzung Informationen über μ gewinnen. Dazu wählen wir zunächst eine hohe Vertrauenswahrscheinlichkeit $1-\alpha$, etwa $1-\alpha = 0{,}95$. Dann bestimmen wir aus der Tabelle A.1 eine Zahl c so, dass der Abschnitt unter der Dichte der $\mathrm{N}(0; 1^2)$-Verteilung zwischen $-c$ und $+c$ gerade den Flächeninhalt $1-\alpha$ hat (siehe Bild 4.2).

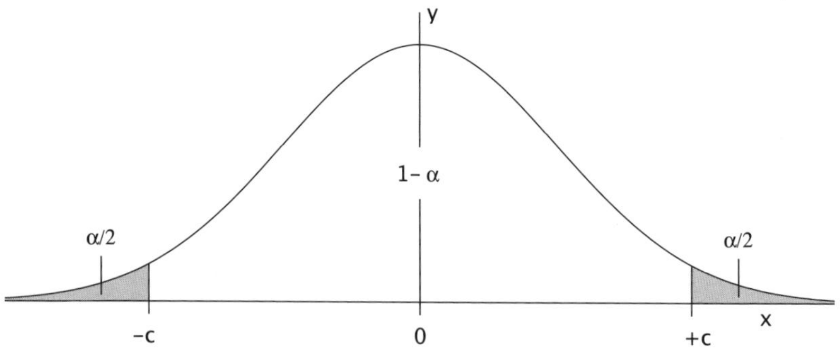

Bild 4.2: Bestimmung von c für ein Konfidenzintervall für μ

Wegen der Symmetrie der Dichtefunktion der Standard-Normalverteilung muss der Abschnitt rechts von $+c$ den Flächeninhalt $\alpha/2$ besitzen, c ist also durch folgende Gleichung eindeutig bestimmbar:

$$\boxed{\Phi(c) = 1 - \alpha/2.} \tag{4.20}$$

Mit der in (2.13) eingeführten Bezeichnung können wir auch sagen: c ist das $(1-\alpha/2)$-Quantil der Standard-Normalverteilung. Wir erhalten beispielsweise für die Vertrauenswahrscheinlichkeit $1 - \alpha = 0{,}95$ (also $\alpha = 0{,}05$): $\Phi(c) = 1 - \alpha/2 = 0{,}975 \Rightarrow c = 1{,}96$.

Die folgende kleine Tabelle stellt die am häufigsten gebrauchten Werte zusammen:

$1-\alpha$	0,90	0,95	0,99
c	1,645	1,960	2,576

Bekanntlich ist $\overline{X}$ eine erwartungstreue Schätzfunktion für μ. Um ein Konfidenzintervall zu gewinnen, muss man die bekannte Standardabweichung σ mit ins Spiel bringen. Dazu standardisieren wir $\overline{X}$ zu $\dfrac{\overline{X}-\mu}{\sigma/\sqrt{n}}$, denn μ ist nach (4.6) der Erwartungswert und $\sigma/\sqrt{n}$ nach (4.7) die Standardabweichung von $\overline{X}$. Nach den bekannten Sätzen über die Normalverteilung ist $\dfrac{\overline{X}-\mu}{\sigma/\sqrt{n}} \sim \mathrm{N}(0;\, 1^2)$. Es folgt daher (siehe Bild 4.2)

$$\begin{aligned} 1-\alpha &= P\left(-c \leq \frac{\overline{X}-\mu}{\sigma/\sqrt{n}} \leq +c\right) \\ &= P\left(\overline{X} - c\frac{\sigma}{\sqrt{n}} \leq \mu \leq \overline{X} + c\frac{\sigma}{\sqrt{n}}\right). \end{aligned} \tag{4.21}$$

Das Intervall $\left[\overline{X} - c\dfrac{\sigma}{\sqrt{n}};\ \overline{X} + c\dfrac{\sigma}{\sqrt{n}}\right]$, dessen Grenzen vom Stichprobenmittel $\overline{X}$, also vom Zufall abhängen, überdeckt somit den wahren aber unbekannten Parameter μ mit der hohen Wahrscheinlichkeit $1 - \alpha$.

Wir fassen zusammen:

Konstruktion eines Konfidenzintervalls für μ bei normalverteiltem Merkmal mit bekannter Standardabweichung σ:

1. Wähle Vertrauensniveau $1-\alpha$ (z. B. 90 %, 95 % oder 99 %).
2. Ziehe Stichprobe vom Umfang n und berechne $\bar{x}$.
3. Bestimme c mit $\Phi(c) = 1 - \alpha/2$ (Tabelle A.1).
4. Berechne $k = c\sigma/\sqrt{n}$.
5. Konfidenzintervall für μ:

$$[\bar{x} - k;\ \bar{x} + k]. \tag{4.22}$$

Beispiel 4.6

Bei einer Flaschenabfüllanlage mit dem Sollwert 1 000 ml ist die tatsächliche Füllmenge einer Flasche eine normalverteilte zufällige Variable mit Standardabweichung $\sigma = 3$ ml. Eine Stichprobe vom Umfang $n = 50$ ergab das Stichprobenmittel $\bar{x} = 999$ ml. Man konstruiere ein Konfidenzintervall für den wahren Mittelwert μ der Anlage zur Vertrauenswahrscheinlichkeit 95 %. Kann man aus dem Ergebnis schließen, dass die Maschine im Mittel zu gering abfüllt, oder waren die 999 ml nur Zufall?

Lösung: Mit $c = 1{,}96$ erhalten wir $k = 1{,}96 \cdot 3/\sqrt{50} = 0{,}83$. Das Konfidenzintervall zur Vertrauenswahrscheinlichkeit 95 % lautet [998,17 ml; 999,83 ml]. Dieses Intervall überdeckt den wahren aber unbekannten Wert sozusagen „nahezu sicher". Insbesondere ist der Sollwert 1 000 ml **nicht** darin enthalten! Also dürfen wir annehmen, dass die Maschine systematisch zu gering abfüllt und neu eingestellt werden muss. ■

Bemerkungen zur Intervallschätzung:

a) Eine Intervallschätzung ist grundsätzlich aussagekräftiger als eine reine Punktschätzung: Man vergleiche etwa die Aussagen „das arithmetische Mittel in der Stichprobe beträgt 999 ml" und „das Intervall [998,17 ml; 999,83 ml] überdeckt den wahren Mittelwert μ mit Wahrscheinlichkeit 95 %". Bei der zweiten Aussage weiß man mehr, z. B. dass der Fall $\mu = 1\,000$ ml praktisch ausgeschlossen ist. Der Preis dafür ist ein erhöhter Rechenaufwand, da neben $\bar{x}$ auch noch σ eine Rolle bei der Konstruktion des Konfidenzintervalls spielt.

b) Bedeutung des Vertrauensniveaus $1-\alpha$: Mit Wahrscheinlichkeit $1-\alpha$ deckt das Konfidenzintervall den wahren aber unbekannten Parameter θ ab, daher ist α die Wahrscheinlichkeit, dass θ **nicht** im Intervall liegt. Zieht man also viele Stichproben und berechnet jedesmal ein Konfidenzintervall zum selben Vertrauensniveau 95 %, so wird in ca. 5 % aller Fälle der wahre Parameter nicht überdeckt, das Konfidenzintervall liefert dann also einen „falschen Eindruck“ von der Grundgesamtheit.

c) Es ist falsch zu sagen, „der Parameter θ fällt in das Konfidenzintervall“, vielmehr „fällt das Konfidenzintervall um den Parameter θ herum“. Die Grenzen des Intervalls sind nämlich Realisationen von zufälligen Variablen, θ dagegen ein zwar unbekannter, aber fester, d. h. nicht vom Zufall abhängiger Wert.

d) Auswirkungen von Änderungen in n und $1-\alpha$ auf das Konfidenzintervall: Mit wachsendem Stichprobenumfang n wird $k = c\sigma/\sqrt{n}$ kleiner, daher ebenso das Konfidenzintervall $[\bar{x}-k;\ \bar{x}+k]$. Die Schätzung wird also mit wachsendem n immer genauer. Macht man dagegen das Vertrauensniveau $1-\alpha$ groß, so strebt c gegen unendlich, wie Bild 4.2 zeigt, k und damit das gesamte Konfidenzintervall werden immer größer. Es hat daher auch keinen Sinn, das Vertrauensniveau 100 % zu verlangen, denn dann bekäme man das Intervall $(-\infty;\ +\infty)$, welches völlig wertlos ist.

e) Erforderlicher Stichprobenumfang n bei vorgegebener Länge L des Konfidenzintervalls: Es ist $L = 2k = 2c\sigma/\sqrt{n}$, also muss

$$n \geq \left(\frac{2c\sigma}{L}\right)^2 \tag{4.23}$$

sein, damit das Intervall die Länge L nicht überschreitet. Für die Daten aus Beispiel 4.6 heißt das: Um $L \leq 2$ ml zu erzwingen, muss

$$n \geq (2 \cdot 1{,}96 \cdot 3/2)^2 = 34{,}57,$$

also n mindestens 35 sein.

Konfidenzintervall für μ bei einem normalverteilten Merkmal mit unbekannter Standardabweichung σ

Es ist nahe liegend, in (4.21) das unbekannte σ^2 durch die erwartungstreue Stichprobenvarianz $S^2 = \dfrac{1}{n-1}\displaystyle\sum_{i=1}^{n}(X_i - \overline{X})^2$ aus (4.2) zu ersetzen und im Konfidenzintervall S statt σ zu verwenden. Die so entstandene Stichprobenfunktion $\frac{\overline{X}-\mu}{S/\sqrt{n}}$ ist dann allerdings nicht mehr nach $N(0;\, 1^2)$ normalverteilt, sondern folgt einer ***t*-Verteilung mit *n* − 1 Freiheitsgraden**, kurz

$$\frac{\overline{X}-\mu}{S/\sqrt{n}} \sim t_{n-1}. \tag{4.24}$$

Diese Verteilung wurde von Gosset[1], der unter dem Pseudonym *Student* arbeitete, hergeleitet und heißt daher auch „Studentsche t-Verteilung“. Die genaue Kenntnis der Dichtefunktion ist für den Praktiker nicht wichtig, da diese bereits tabelliert vorliegt. Die Dichtefunktion sieht derjenigen der Standard-Normalverteilung ähnlich, ist symmetrisch und hat ebenfalls die Glockenform. Im Unterschied zur Normalverteilung ist aber der Gipfel niedriger, dafür ist mehr Wahrscheinlichkeitsmasse nach außen hin verteilt. Weitere Details zur t-Verteilung findet der interessierte Leser z. B. in [8]. Die für unsere Zwecke ausreichenden Werte der t-Verteilung sind im Anhang in Tabelle A.2 aufgelistet. Daraus geht auch hervor, dass mit wachsenden Freiheitsgraden die Dichte der t-Verteilung gegen die der Standard-Normalverteilung strebt. Daher darf man ab Stichprobenumfang $n = 30$ mit einer für alle praktischen Zwecke ausreichenden Genauigkeit die t-Verteilung durch die Standard-Normalverteilung ersetzen.

Es ergibt sich folgende Vorschrift für die

Konstruktion eines Konfidenzintervalls für μ bei normalverteiltem Merkmal mit unbekannter Standardabweichung σ:

1. Wähle Vertrauensniveau $1-\alpha$ (z. B. 90 %, 95 % oder 99 %).
2. Ziehe Stichprobe vom Umfang n und berechne $\bar{x}$ und s.
3. Bestimme c mit $F_{n-1}(c) = 1-\alpha/2$, wobei F_{n-1} die Verteilungsfunktion der t-Verteilung mit $n-1$ Freiheitsgraden ist (Tabelle A.2).
4. Berechne $k = c \cdot s/\sqrt{n}$.
5. Konfidenzintervall für μ:

$$[\bar{x}-k;\ \bar{x}+k]. \tag{4.25}$$

Beispiel 4.7

Für die Daten von Beispiel 4.3 (Ausströmzeit am Effusiometer) bestimme man ein Konfidenzintervall für die wahre Ausströmzeit μ zum

[1] William Sealey Gosset (1876–1937), engl. Mathematiker und Chemiker.

Vertrauensniveau 99 % unter der Annahme, dass die gemessenen Zeiten normalverteilt sind.

Lösung: Für die $n = 5$ Werte 17,21, 17,22, 17,22, 17,20, 17,19 errechnet man $\bar{t} = 17{,}208$ und

$$s = \sqrt{\frac{1}{4}[(17{,}21 - 17{,}208)^2 + \ldots + (17{,}19 - 17{,}208)^2]} = 0{,}01304.$$

Wegen $1 - \alpha = 0{,}99$ ist $1 - \alpha/2 = 0{,}995$ und c wird bestimmt durch die Gleichung $F_4(c) = 1 - \alpha/2 = 0{,}995$, wobei F_4 die Verteilungsfunktion der t-Verteilung mit vier Freiheitsgraden ist. Aus Tabelle A.2 lesen wir ab: $c = 4{,}604$. Es folgt $k = 4{,}604 \cdot 0{,}01304/\sqrt{5} = 0{,}02685$. Das Konfidenzintervall, welches mit Wahrscheinlichkeit 0,99 das wahre μ überdeckt, lautet somit

$$[17{,}208 - 0{,}02685;\ 17{,}208 + 0{,}02685] = [17{,}1812;\ 17{,}2348].$$

Man vergleiche dieses Ergebnis mit demjenigen, das man erhalten hätte, wenn die Standardabweichung schon als $\sigma = 0{,}01304$ bekannt gewesen wäre (z. B. aus zurückliegenden Beobachtungen). Dann wird c mithilfe der Normalverteilung bestimmt zu 2,576, wir erhalten $k = 2{,}576 \cdot 0{,}01304/\sqrt{5} = 0{,}01502$ und damit die genauere Intervallschätzung

$$[17{,}208 - 0{,}01502;\ 17{,}208 + 0{,}01502] = [17{,}1930;\ 17{,}2230].$$

Dass diese Schätzung besser ist als die erste, ist nicht verwunderlich, denn wir haben ja zusätzlich Informationen über die tatsächliche Varianz der Grundgesamtheit, nämlich $\sigma = 0{,}01304$, verwendet. ■

Konfidenzintervall für μ bei großem Stichprobenumfang

Bei den bisherigen Verfahren wurde stets vorausgesetzt, dass die Stichprobenvariable X normalverteilt ist. Wir lassen nun diese Annahme fallen und bestimmen näherungsweise ein Konfidenzintervall für $\mu = E[X]$. Aufgrund des zentralen Grenzwertsatzes (3.76) ist nämlich $\overline{X}$ genügend genau normalverteilt, wenn nur n groß genug ist, unabhängig davon, wie die X_i selbst verteilt sind. Wir können daher folgende Faustregel formulieren:

Konstruktion eines Konfidenzintervalls für μ bei großem Stichprobenumfang

Ab Stichprobenumfang $n = 30$ darf für $\overline{X}$ eine Normalverteilung zugrunde gelegt werden. Das Konfidenzintervall wird dann bei bekanntem σ wie in (4.22) und bei unbekanntem σ wie in (4.25) bestimmt.

Konfidenzintervall für eine unbekannte Wahrscheinlichkeit p

Wir suchen die Wahrscheinlichkeit p, dass ein beliebig aus der Grundgesamtheit ausgewähltes Element eine gewisse Eigenschaft A hat (z. B. Brillenträger, Hochschulabsolvent, Partei-X-Wähler, defekter Artikel etc.). Bei einer endlichen Grundgesamtheit können wir auch vom **Anteil** p der A-Elemente sprechen. Wir ziehen dazu eine Zufallsstichprobe vom Umfang n und bestimmen die Anzahl X derjenigen Elemente mit Eigenschaft A. Die Punktschätzung für p ist dann nach (4.3): $\hat{p} = X/n$.

X ist wegen der Unabhängigkeit der einzelnen Züge binomialverteilt nach $\mathrm{Bi}(n; p)$, hat also Erwartungswert np und Varianz $np(1-p)$. Für hinreichend große Stichprobenumfänge n ist nach dem zentralen Grenzwertsatz (3.76) X ausreichend gut normalverteilt mit Erwartungswert np und Varianz $np(1-p)$, und nach dem Linearitätssatz für die Normalverteilung auch $\hat{p} = X/n$:

$$\hat{p} \sim \mathrm{N}\left(p; \sqrt{\frac{p(1-p)}{n}}^{\,2}\right).$$

Wir können also ein Konfidenzintervall für p ähnlich wie in (4.22) gewinnen nach dem Muster

$$[\,\hat{p} \pm c \cdot \text{Standardabweichung von } \hat{p}\,] = \left[\hat{p} \pm c\sqrt{\frac{p(1-p)}{n}}\right].$$

Leider ist dieses Intervall praktisch unbrauchbar, da der unbekannte und zu schätzende Parameter p selbst darin vorkommt. Wir können aber ohne großen Fehler den Wert p unter der Wurzel durch seine Punktschätzung $\hat{p}$ ersetzen und erhalten

Konstruktion eines näherungsweisen Konfidenzintervalls für $p = P(A)$:

1. Wähle Vertrauensniveau $1 - \alpha$ (z. B. 90 %, 95 % oder 99 %).
2. Ziehe Stichprobe vom Umfang n und berechne den Anteil $\hat{p}$ der Elemente in der Stichprobe mit Eigenschaft A.
3. Bestimme c mit $\Phi(c) = 1 - \alpha/2$ (Tabelle A.1).
4. Berechne $k = c \cdot \sqrt{\frac{\hat{p}(1-\hat{p})}{n}}$.
5. Konfidenzintervall für p:

$$[\hat{p} - k; \hat{p} + k]. \qquad (4.26)$$

Beispiel 4.8

Eine Stichprobe bei $n = 1\,000$ PKW, die eine bestimmte Messstelle durchfuhren, ergab, dass 135 Fahrzeuge die dort vorgeschriebene Höchstgeschwindigkeit überschritten hatten. Man konstruiere ein Konfidenzintervall für den Anteil p der Raser zur Vertrauenswahrscheinlichkeit 95 %.

Lösung: Aus den Angaben folgt $\hat{p} = 135/1\,000 = 0{,}135$ und aus Tabelle A.1: $c = 1{,}96$. Damit ist $k = 1{,}96\sqrt{\frac{0{,}135 \cdot 0{,}865}{1\,000}} = 0{,}0212$. Das Konfidenzintervall für p lautet $[0{,}135 \pm 0{,}0212] = [0{,}1138;\ 0{,}1562]$ oder $[11{,}38\ \%;\ 15{,}62\ \%]$. Der wahre Anteil der Raser wird mit 95 %-iger Wahrscheinlichkeit von diesem Intervall überdeckt. ■

Beispiel 4.9

Wie groß muss der Stichprobenumfang n mindestens sein, damit das Konfidenzintervall für die Wahrscheinlichkeit bzw. den Anteil p eine vorgegebene Länge L nicht überschreitet?

Lösung: Die Länge des Intervalls ist nach (4.26) gleich $2k = 2c\sqrt{\frac{\hat{p}(1-\hat{p})}{n}}$. Die maximale Länge $L_{\max}$ wird für $\hat{p} = 1/2$ erreicht und beträgt $L_{\max} = c/\sqrt{n}$. Man ist daher auf der sicheren Seite, wenn man n so groß wählt, dass $L_{\max}$ das vorgegebene L nicht überschreitet:

$$L_{\max} \leq L \Leftrightarrow n \geq \left(\frac{c}{L}\right)^2.$$

Insbesondere ist der erforderliche Mindeststichprobenumfang $(c/L)^2$ unabhängig davon, wie groß die Grundgesamtheit selbst ist. Damit z. B. ein Konfidenzintervall für p zur Vertrauenswahrscheinlichkeit 95 % die Länge von einem Prozentpunkt ($L = 0{,}01$) nicht überschreitet, muss gelten

$$n \geq \left(\frac{1{,}96}{0{,}01}\right)^2 = 38\,416.$$

Dies ist ein überraschend hoher Wert, welcher auch ein bezeichnendes Licht auf die Aussagekräftigkeit von Umfrageergebnissen wirft, die auf der Basis kleiner Stichprobenumfänge ermittelt wurden. ■

Konfidenzintervall für den Vergleich zweier Erwartungswerte

Gegeben seien zwei Grundgesamtheiten, z. B. Patienten, die mit unterschiedlichen Methoden/Medikamenten behandelt werden. Das interessierende Merkmal X sei innerhalb jeder Grundgesamtheit normalverteilt: In der ersten nach $\mathrm{N}(\mu_1;\, \sigma_1^2)$ und in der zweiten nach $\mathrm{N}(\mu_2;\, \sigma_2^2)$. Wir interessieren uns dafür, ob die unterschiedlichen Behandlungsmethoden eine Wirkung auf den Erwartungswert hervorgerufen haben, und konstruieren zu diesem Zweck ein Konfidenzintervall für die **Differenz** $\mu_1 - \mu_2$. Aus jeder der beiden Grundgesamtheiten wird eine Stichprobe gezogen, d. h., eine Gruppe von n_1 Patienten wird mit der einen, eine andere Gruppe von n_2 Patienten mit der anderen Methode behandelt. Die Umfänge n_1 und n_2 müssen nicht notwendig gleich sein. Alle Ziehungen seien unabhängige zufällige Variable. Wir berechnen für jede Gruppe das Stichprobenmittel $\overline{X}_1$ bzw. $\overline{X}_2$. Es gilt dann

$$\overline{X}_1 \sim \mathrm{N}\left(\mu_1;\, \left(\frac{\sigma_1}{\sqrt{n_1}}\right)^2\right) \text{ und } \overline{X}_2 \sim \mathrm{N}\left(\mu_2;\, \left(\frac{\sigma_2}{\sqrt{n_2}}\right)^2\right).$$

Das Konfidenzintervall für $\mu_1 - \mu_2$ wird wie üblich konstruiert:

$$\left[(\overline{X}_1 - \overline{X}_2) \pm c \cdot (\text{Standardabweichung von } (\overline{X}_1 - \overline{X}_2))\right],$$

wobei $\Phi(c) = 1 - \alpha/2$ ist. Nach dem Linearitätssatz und Additionssatz für die Normalverteilung ist wegen der Unabhängigkeit von $\overline{X}_1$ und $\overline{X}_2$

$$\mathrm{Var}(\overline{X}_1 - \overline{X}_2) = \mathrm{Var}(\overline{X}_1) + \mathrm{Var}(\overline{X}_2) = \frac{\sigma_1^2}{n_1} + \frac{\sigma_2^2}{n_2}.$$

(Das „+" auf der rechten Seite ist richtig, vgl. Beispiel 3.39.) Wir erhalten insgesamt

Konstruktion eines Konfidenzintervalls für $\mu_1 - \mu_2$ bei normalverteiltem Merkmal und bekannten Standardabweichungen σ_1 und σ_2:

1. Wähle Vertrauensniveau $1 - \alpha$ (z. B. 90 %, 95 % oder 99 %).
2. Ziehe Stichproben vom Umfang n_1 und n_2 und berechne $\bar{x}_1$ und $\bar{x}_2$.
3. Bestimme c mit $\Phi(c) = 1 - \alpha/2$ (Tabelle A.1).
4. Berechne $k = c \cdot \sqrt{\frac{\sigma_1^2}{n_1} + \frac{\sigma_2^2}{n_2}}$.
5. Konfidenzintervall für $\mu_1 - \mu_2$:

$$[\bar{x}_1 - \bar{x}_2 - k;\; \bar{x}_1 - \bar{x}_2 + k]. \tag{4.27}$$

Interessant ist nun, ob das so gefundene Konfidenzintervall den Wert 0 überdeckt oder nicht: Wenn nicht, können wir mit einer hohen Wahrscheinlichkeit $1 - \alpha$ davon ausgehen, dass μ_1 und μ_2 verschieden sind. Wenn es aber den Wert 0 enthält, so spricht unsere Stichprobe nicht dagegen, dass μ_1 und μ_2 gleich sind, und wir müssen bis auf weiteres davon ausgehen, dass die beiden Behandlungsmethoden keine unterschiedlichen Wirkungen hervorrufen.

Sind die beiden Standardabweichungen σ_1 und σ_2 nicht aus vorausgegangenen Beobachtungen bekannt, so müssen sie durch die Schätzwerte s_1 bzw. s_2 ersetzt werden. Für große Stichprobenumfänge (Faustregel: etwa ab $n_1 = n_2 = 30$) darf dann c ebenfalls durch die Normalverteilung bestimmt werden. Dies gilt wegen des zentralen Grenzwertsatzes für große Stichprobenumfänge auch dann, wenn das Merkmal selbst gar nicht normalverteilt ist.

Beispiel 4.10

Eine Gruppe G_1 von $n_1 = 100$ Versuchspersonen wird mit einem neuen Medikament behandelt, welches den Blutdruck senken soll. Eine Vergleichsgruppe G_2 mit ebenfalls $n_2 = 100$ Personen wird nicht behandelt und dient nur zur Kontrolle. Es wurde bei allen Personen der systolische Blutdruck in mmHg gemessen. Folgende Werte wurden daraus errechnet (in mmHg):

$$\bar{x}_1 = 114{,}84, \quad \bar{x}_2 = 122{,}13, \quad s_1 = 10{,}5, \quad s_2 = 10{,}9.$$

Kann man aus diesem Versuch schließen, dass das Medikament tatsächlich die beabsichtigte Wirkung hat, oder beruht der kleinere Durchschnitt in G_1 auf Zufall, weil eben zufällig viele Personen mit ohnehin niedrigem Blutdruck in G_1 gelangt sind? Man wähle $1 - \alpha = 0{,}99$.

Lösung: Es ist $c = 2{,}576$ und $k = 2{,}576 \cdot \sqrt{\frac{10{,}5^2}{100} + \frac{10{,}9^2}{100}} = 3{,}90$. Das Konfidenzintervall für $\mu_1 - \mu_2$ lautet:

$$[114{,}84 - 122{,}13 \pm 3{,}90] = [-11{,}19;\ -3{,}39].$$

Es überdeckt den Wert 0 nicht, d. h., der Fall $\mu_1 = \mu_2$ ist praktisch ausgeschlossen, vielmehr ist mit 99 %-iger Sicherheit $\mu_1 - \mu_2 < 0$, also $\mu_1 < \mu_2$. Wir dürfen daher davon ausgehen, dass das Medikament in der beabsichtigten Weise wirkt. ■

Konfidenzintervall für den Vergleich zweier Wahrscheinlichkeiten

Wir betrachten wieder zwei Grundgesamtheiten, wollen aber nun Informationen gewinnen über die Wahrscheinlichkeiten des Auftretens einer gewissen Eigenschaft A in jeder der beiden Grundgesamtheiten. Es sei dazu

$$p_1 := P(A|\text{Grundgesamtheit } 1) \text{ und } p_2 := P(A|\text{Grundgesamtheit } 2).$$

Dazu ziehen wir aus jeder Grundgesamtheit eine Stichprobe mit Umfang n_1 bzw. n_2 und berechnen die relativen Häufigkeiten $\hat{p}_1$ und $\hat{p}_2$ des Auftretens von A in den Stichproben. Das Konfidenzintervall für $p_1 - p_2$ lautet wie üblich

$$\left[(\hat{p}_1 - \hat{p}_2) \pm c \cdot \left(\text{Standardabweichung von } (\hat{p}_1 - \hat{p}_2)\right)\right],$$

und c kann aufgrund des zentralen Grenzwertsatzes mit $\Phi(c) = 1 - \alpha/2$ bestimmt werden. Die gleiche Überlegung wie beim Konfidenzintervall für p führt zu folgender

Konstruktion eines näherungsweisen Konfidenzintervalls für $p_1 - p_2$:

1. Wähle Vertrauensniveau $1 - \alpha$ (z. B. 90 %, 95 % oder 99 %).
2. Ziehe Stichproben mit Umfängen n_1 und n_2 und berechne $\hat{p}_1$ und $\hat{p}_2$.
3. Bestimme c mit $\Phi(c) = 1 - \alpha/2$ (Tabelle A.1).
4. Berechne $k = c \cdot \sqrt{\dfrac{\hat{p}_1(1-\hat{p}_1)}{n_1} + \dfrac{\hat{p}_2(1-\hat{p}_2)}{n_2}}$.
5. Konfidenzintervall für $p_1 - p_2$:

$$[\hat{p}_1 - \hat{p}_2 - k;\ \hat{p}_1 - \hat{p}_2 + k]. \tag{4.28}$$

Genau wie beim Konfidenzintervall für $\mu_1 - \mu_2$ prüft man anschließend, ob das Intervall für $p_1 - p_2$ den Wert 0 überdeckt oder nicht.

Beispiel 4.11

Wir greifen auf die Daten von Beispiel 1.2 zurück und fassen die Lieferungen von 100 PCs von Händler A bzw. von 200 PCs von Händler B als Stichproben aus dem gesamten Angebot dieser Händler auf. Es bezeichnen jetzt p_1 bzw. p_2 die unbekannten Ausschussanteile im Gesamtangebot von A bzw. B, dagegen $\hat{p}_1 = 0{,}12$ und $\hat{p}_2 = 0{,}08$ die Ausschussanteile in der jeweiligen Stichprobe. Darf man aufgrund dieser Erfahrungen schließen, dass $p_2 < p_1$ ist, oder beruht das bessere Ergebnis von Händler B nur auf Zufall?

Lösung: Wir konstruieren dazu nach (4.28) ein Konfidenzintervall zur Vertrauenswahrscheinlichkeit 95 % für $p_1 - p_2$: es ist $c = 1{,}96$ und

$$k = 1{,}96 \cdot \sqrt{\frac{0{,}12 \cdot 0{,}88}{100} + \frac{0{,}08 \cdot 0{,}92}{200}} = 0{,}074.$$

Das gesuchte Konfidenzintervall lautet

$$[0{,}12 - 0{,}08 - 0{,}074;\ 0{,}12 - 0{,}08 + 0{,}074] = [-0{,}034;\ +0{,}114].$$

Es enthält die 0, wir können also aus diesen beiden Stichproben **nicht** schließen, dass Händler A schlechtere Qualität liefert als B. Man beachte dazu aber die Aufgabe 4.6 am Ende dieses Abschnitts! ■

Konfidenzintervall für die Steigung der Regressionsgeraden

Wir messen wieder zwei Größen X und Y und legen die drei Modellannahmen **M1**, **M2** und **M3** aus Abschnitt 4.2 zugrunde. Die zufällige Variable $\hat{b}$ aus (4.12) ist dann bekanntlich ein erwartungstreuer Schätzer für die Steigung b der Regressionsgeraden $y = a + bx$. In (4.19) wurde eine Schätzung $s_{\hat{b}}$ für die Standardabweichung von $\hat{b}$ angegeben, die als „Unsicherheit der Steigung" bezeichnet wird. Um nun statt der Punktschätzung eine Intervallschätzung für die wahre aber unbekannte Steigung b zu bekommen, benötigt man eine zusätzliche, aber schwache Annahme:

M4:
Für festes x ist die Größe Y **normalverteilt** nach $\mathrm{N}(a + bx; \sigma^2)$, wobei σ^2 konstant ist, insbesondere nicht von x abhängt.

Unter den Voraussetzungen **M1** bis **M4** kann man nun zeigen, dass die standardisierte zufällige Variable

$$\frac{\hat{b} - E[\hat{b}]}{\text{Unsicherheit von } \hat{b}} = \frac{\hat{b} - b}{s_{\hat{b}}}$$

einer Studentschen t-Verteilung mit $n - 2$ Freiheitsgraden gehorcht (siehe z. B. [8]). Wählen wir daher c so, dass $F_{n-2}(c) = 1 - \alpha/2$ ist, wobei F_{n-2} die Verteilungsfunktion einer t-Verteilung mit $n - 2$ Freiheitsgraden bezeichnet, so folgt ganz analog zu (4.21):

$$1 - \alpha = P\left(-c \leq \frac{\hat{b} - b}{s_{\hat{b}}} \leq +c\right) = P\left(\hat{b} - cs_{\hat{b}} \leq b \leq \hat{b} + cs_{\hat{b}}\right).$$

Das Intervall $[\hat{b} - cs_{\hat{b}};\ \hat{b} + cs_{\hat{b}}]$ überdeckt also den Parameter b mit der hohen Wahrscheinlichkeit $1 - \alpha$.

Wir fassen zusammen:

Konstruktion eines Konfidenzintervalls für die Steigung b der Regressionsgeraden:

1. Wähle Vertrauensniveau $1-\alpha$ (z. B. 90 %, 95 % oder 99 %).
2. Ermittle n Messwertpaare $(x_1, y_1), \ldots, (x_n, y_n)$ und berechne daraus

$$\hat{b} = \frac{s_{xy}}{s_x^2} = \frac{\sum_{i=1}^n (x_i - \bar{x})(y_i - \bar{y})}{\sum_{i=1}^n (x_i - \bar{x})^2} \quad \text{und} \tag{4.29}$$

$$s_{\hat{b}} = \frac{s_y}{s_x}\sqrt{\frac{1-r^2}{n-2}}, \tag{4.30}$$

   wobei s_x, s_y und r wie in (4.18) definiert sind.
3. Bestimme c mit $F_{n-2}(c) = 1 - \alpha/2$ (Tabelle A.2).
4. Berechne $k = cs_{\hat{b}}$.
5. Konfidenzintervall für b:

$$[\hat{b} - k; \hat{b} + k]. \tag{4.31}$$

Beispiel 4.12

Für die Daten aus Beispiel 4.5 bestimme man unter Zugrundelegung der Modellannahmen **M1** bis **M4** ein Konfidenzintervall für die Steigung b der Regressionsgeraden zur Vertrauenswahrscheinlichkeit 99 %.

Lösung: In Beispiel 4.5 wurde errechnet: $\hat{b} = 0{,}008137$ und $s_{\hat{b}} = 7{,}74 \cdot 10^{-6}$. Wegen $n = 6$ muss zur Bestimmung von c die t-Verteilung mit vier Freiheitsgraden herangezogen werden. Aus Tabelle A.2 entnehmen wir:

$$F_4(c) = 1 - \frac{\alpha}{2} = 1 - \frac{0{,}01}{2} = 0{,}995 \Rightarrow c = 4{,}604.$$

Damit ist $k = cs_{\hat{b}} = 4{,}604 \cdot 7{,}74 \cdot 10^{-6} = 3{,}56 \cdot 10^{-5}$ und das gesuchte Konfidenzintervall für b lautet

$$[0{,}008137 \pm 3{,}56 \cdot 10^{-5}] = [8{,}101 \cdot 10^{-3}; 8{,}173 \cdot 10^{-3}].$$

Dieses Intervall überdeckt also den Kehrwert $1/E$ des E-Moduls mit 99 %-iger Wahrscheinlichkeit. Durch Kehrwertbildung erhalten wir ein Konfidenzintervall für den E-Modul von Kupfer: [122,35 GPa; 123,44 GPa]. ■

Konfidenzintervall für die Varianz σ^2 eines normalverteilten Merkmals

Wir setzen wieder eine Grundgesamtheit mit einem interessierenden Merkmal X voraus, welches normalverteilt ist nach $N(\mu;\, \sigma^2)$. μ braucht nicht bekannt zu sein. Wir wollen aus einer Stichprobe $(X_1, \ldots, X_n)$ Informationen über σ^2 in Form eines Konfidenzintervalls gewinnen. Die X_i sind alle unabhängig und identisch nach $N(\mu;\, \sigma^2)$ verteilt. Man kann nun zeigen, dass die Stichprobenfunktion

$$U := \sum_{i=1}^{n} \left(\frac{X_i - \overline{X}}{\sigma} \right)^2 \tag{4.32}$$

nach einer **χ^2-Verteilung mit $n-1$ Freiheitsgraden** (lies: „chi-Quadrat-Verteilung") verteilt ist, d. h.

$$P(U \leq u) = F_{n-1}(u),$$

wobei F_{n-1} die Verteilungsfunktion der χ^2-Verteilung mit $n-1$ Freiheitsgraden ist. Bild 4.3 zeigt die χ^2-Dichte mit fünf Freiheitsgraden. Die Dichtefunktionen sind unsymmetrisch und gleich 0 für $u \leq 0$, denn U kann offenbar nie negativ werden. Ab $n = 3$ sind die χ^2-Dichten linkssteil und eingipflig. Die genaue Formel findet man z. B. in [2], wir entnehmen die wichtigsten Werte aus Tabelle A.3 im Anhang.

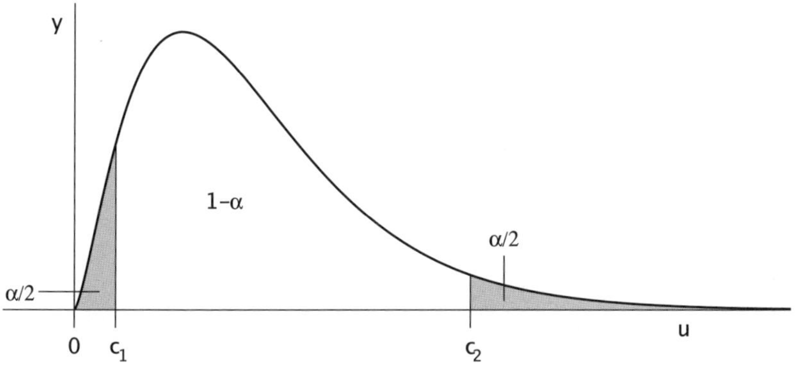

Bild 4.3: χ^2-Dichte mit fünf Freiheitsgraden

Mit der bekannten Stichprobenvarianz $S^2 = \frac{1}{n-1}\sum_{i=1}^{n}(X_i - \overline{X})^2$ lässt sich U auch schreiben als $U = \frac{1}{\sigma^2}(n-1)S^2$. Nach Festlegung des Vertrauensniveaus $1-\alpha$ wählen wir mithilfe von Tabelle A.3 zwei Zahlen c_1 und c_2 so, dass

$$F_{n-1}(c_1) = \frac{\alpha}{2} \quad \text{und} \quad F_{n-1}(c_2) = 1 - \frac{\alpha}{2} \tag{4.33}$$

ist. Dann folgt nämlich (siehe Bild 4.3)

$$\begin{aligned} 1-\alpha &= P(c_1 \le U \le c_2) = P\left(c_1 \le \frac{1}{\sigma^2}(n-1)S^2 \le c_2\right) \\ &= P\left((n-1)\frac{S^2}{c_2} \le \sigma^2 \le (n-1)\frac{S^2}{c_1}\right). \end{aligned}$$

Das Intervall $\left[(n-1)\frac{S^2}{c_2}; (n-1)\frac{S^2}{c_1}\right]$, dessen Grenzen von der Stichprobe und somit vom Zufall abhängen, überdeckt also die wahre aber unbekannte Varianz der Grundgesamtheit mit der hohen Wahrscheinlichkeit $1-\alpha$. Wir fassen zusammen:

Konstruktion eines Konfidenzintervalls für die Varianz σ^2 eines normalverteilten Merkmals:

1. Wähle Vertrauensniveau $1-\alpha$ (z. B. 90 %, 95 % oder 99 %).
2. Ziehe Stichprobe vom Umfang n, berechne $k = (n-1)s^2 = \sum_{i=1}^{n}(x_i - \bar{x})^2$.
3. Bestimme c_1 mit $F_{n-1}(c_1) = \frac{\alpha}{2}$ (Tabelle A.3).
4. Bestimme c_2 mit $F_{n-1}(c_2) = 1 - \frac{\alpha}{2}$ (Tabelle A.3).
5. Konfidenzintervall für die Varianz σ^2:

$$\left[\frac{k}{c_2}; \frac{k}{c_1}\right]. \tag{4.34}$$

6. Konfidenzintervall für die Standardabweichung σ:

$$\left[\sqrt{\frac{k}{c_2}}; \sqrt{\frac{k}{c_1}}\right]. \tag{4.35}$$

Beispiel 4.13

Aus den Daten in Beispiel 4.3 (Ausströmzeiten am Effusiometer in Sekunden) konstruiere man Konfidenzintervalle zum Niveau 0,95 für die Varianz σ^2 und die Standardabweichung σ der Ausströmzeiten unter der Annahme, dass diese normalverteilt sind.

Lösung: Aus den $n = 5$ Messwerten errechnet man $\bar{t} = 17{,}208$, $s^2 = 1{,}7 \cdot 10^{-4}$ und $k = (n-1)s^2 = 6{,}8 \cdot 10^{-4}$. α ist 0,05, also $\alpha/2 = 0{,}025$. Der Tabelle A.3 der χ^2-Verteilung mit vier Freiheitsgraden entnimmt man

$$F_4(c_1) = 0{,}025 \Rightarrow c_1 = 0{,}48 \quad \text{und} \quad F_4(c_2) = 0{,}975 \Rightarrow c_2 = 11{,}14.$$

Das Konfidenzintervall für die Varianz σ^2 lautet daher

$$\left[\frac{6{,}8 \cdot 10^{-4}}{11{,}14};\ \frac{6{,}8 \cdot 10^{-4}}{0{,}48}\right] = [0{,}61 \cdot 10^{-4};\ 14{,}17 \cdot 10^{-4}]$$

und das für σ: [0,0078; 0,0376], ein erstaunlich unscharfes Resultat, aber das ist das Beste, was man aufgrund einer so kleinen Stichprobe sagen kann. Größere Stichprobenumfänge n lassen auch genauere Schlüsse zu, siehe Aufgabe 4.8. ■

Aufgaben

4.4 Ein Hersteller wirbt damit, dass der Greifer eines bestimmten Roboters eine maximale Dauergreifkraft von mindestens 200 N besitzt. Aufgrund von Ungenauigkeiten im Herstellungsprozess ist die maximale Dauergreifkraft eine normalverteilte zufällige Variable mit bekannter Standardabweichung $\sigma = 2{,}1$ N. Eine Stichprobe bei $n = 5$ Greifern ergab die Werte (in N): 199, 200, 198, 199, 199. Berechnen Sie ein Konfidenzintervall für den Erwartungswert μ der maximalen Dauergreifkraft zum Niveau 95 %. Darf man aus diesem Ergebnis schließen, dass der Hersteller seinen Sollwert im Mittel unterschreitet? Wie groß müsste der Stichprobenumfang n sein, damit das Konfidenzintervall die Länge 1 N nicht überschreitet?

4.5 Über die Verteilung der Stillstandszeiten X einer bestimmten Sorte von Maschinen (durch Ausfall und anschließende Reparatur) sei weiter nichts bekannt, außer dass diese Zeiten unabhängig und identisch verteilt sind. Messungen von $n = 100$ Ausfällen ergaben $\bar{x} = 1{,}4$ h und $s^2 = 0{,}81$ h^2. Konstruieren Sie ein Konfidenzintervall für den Erwartungswert μ der Stillstandszeit X zur Vertrauenswahrscheinlichkeit 0,95 nach der Faustregel für große Stichprobenumfänge.

4.6 Wie in Beispiel 4.11 seien die Ausschussanteile zweier Händler gleich $\hat{p}_1 = 0{,}12$ bei Händler A und $\hat{p}_2 = 0{,}08$ bei Händler B. Diese wurden aber jetzt aufgrund von Stichproben vom Umfang $n_1 = 1\,000$ bei A bzw. $n_2 = 1\,000$ bei B gewonnen. Darf man jetzt schließen, dass A schlechtere Qualität anbietet als B? Konstruieren Sie dazu ein Konfidenzintervall zum Niveau 95 % für die Differenz $p_1 - p_2$ der wahren aber unbekannten Ausschussanteile und prüfen Sie, ob die 0 vom Konfidenzintervall überdeckt wird oder nicht.

4.7 Messungen des systolischen Blutdrucks bei $n = 10$ Personen ergaben folgende Werte in mmHg: $124, 145, 112, 124, 136, 129, 125, 131, 142, 114$.

Unter der Annahme, dass der Blutdruck normalverteilt ist, bestimme man jeweils zum Niveau 90 %

a) ein Konfidenzintervall für den Erwartungswert μ,

b) ein Konfidenzintervall für die Standardabweichung σ.

4.8 Bestimmen Sie nochmals Konfidenzintervalle a) für μ und b) für σ des systolischen Blutdrucks, jeweils zum Niveau 90 %, wenn diesmal bei $n = 201$ Personen gemessen wurde und $\bar{x} = 128{,}2$ mmHg sowie $s^2 = 116{,}84$ mmHg^2 berechnet wurden.

4.9 An eine Stahlfeder wurden verschiedene Massen x (in kg) gehängt und die Verlängerung der Feder y (in mm) aus der Ruhelage gemessen:

x	1	2	3	4	5
y	20	39	59	78	98

Berechnen Sie unter den Modellannahmen **M1** bis **M4** aus den Abschnitten 4.2 und 4.3 ein Konfidenzintervall zur Vertrauenswahrscheinlichkeit 99 % für die Steigung b der Regressionsgeraden.

4.4 Hypothesentests

Als letzte Gruppe von Verfahren zur Gewinnung von Informationen über eine Grundgesamtheit aus einer Stichprobe betrachten wir die Hypothesentests. Im Gegensatz zur Punktschätzung und zur Intervallschätzung muss hier vor der Ziehung der Stichprobe eine Aussage (**Hypothese**) über die Grundgesamtheit bereits vorhanden sein. Diese Hypothese wird dann mittels einer Stichprobe getestet. Die Hypothese kann Parameter der Grundgesamtheit betreffen (z. B. Mittelwert $\mu = 1\,000$ g), man spricht dann von **parametrischen Tests**, oder allgemeinerer Natur sein, z. B. „die Grundgesamtheit ist bezüglich des interessierenden Merkmals gleichverteilt (normalverteilt, exponentialverteilt etc.)". Die Hypothese kann aus einer reinen Wunschvorstellung entspringen, oder sie nennt einen Sollwert, den ein Hersteller einhalten muss, oder sie wurde aus zurückliegenden Beobachtungen gewonnen und der Test dient dazu, festzustellen, ob die alten Verhältnisse noch gelten oder nicht.

Einführungsbeispiel: Test über einen Anteilssatz

Wir erläutern das prinzipielle Vorgehen an einem einfachen Beispiel.

Beispiel 4.14

Ein Hersteller von Überraschungseiern versichert, dass in mindestens 14 % der Eier Figuren aus einem beliebten Fantasy-Abenteuer stecken. Eine Verbraucherorganisation ist misstrauisch und möchte diese Aussage überprüfen. Eine vollständige Untersuchung aller Eier oder eine Inspektion des Herstellungsprozesses ist aus finanziellen und organisatorischen Gründen nicht möglich, eine Stichprobe vom Umfang $n = 1\,000$ ist aber durchführbar. In dieser Stichprobe wurden nur 130 Fantasy-Figuren gefunden. Genügt dieses Ergebnis, um die Behauptung des Herstellers zu widerlegen, oder sollte die Verbraucherorganisation lieber schweigen und die Hypothese des Herstellers weiterhin so stehen lassen, weil eine gewisse Abweichung vom Erwartungswert 140 in der Stichprobe durch Zufall immer möglich ist?

Lösung: Wir lösen die Aufgabe exemplarisch in vier Schritten, die man bei jedem Test wiederfinden kann:

1. Schritt: Formulierung der Hypothesen: Es sei p der wahre aber unbekannte Anteil der Eier mit Fantasy-Figuren. Die Hypothese des Herstellers lautet dann $p \geq 0{,}14$. Wir nennen sie im Gegensatz zur Gegenbehauptung der Verbraucherorganisation die **Nullhypothese** H_0. Was als Alternative zu H_0 infrage kommt, heißt **Alternativhypothese** H_1, hier also

$$H_0 : p \geq 0{,}14, \qquad H_1 : p < 0{,}14.$$

2. Schritt: Konstruktion der Testgröße T: Die „Kunst" hierbei besteht darin, eine geeignete Stichprobenfunktion T, die **Testgröße**, zu finden, deren Verteilung unter der Bedingung H_0 bekannt ist. (Ein Praktiker wird allerdings kaum jemals in die Lage kommen, eine Testgröße selbst herleiten zu müssen, da für alle gängigen Fragestellungen bereits Tests vorliegen, die er nur anwenden muss.) Die zufällige Variable T bezeichne die Anzahl der Figuren in der Stichprobe vom Umfang $n = 1\,000$. Wir dürfen annehmen, dass die Grundgesamtheit sehr viel größer als 1 000 ist. Die 1 000 Ziehungen sind also praktisch unabhängig und für T darf daher eine Binomialverteilung zugrunde gelegt werden: $T \sim \mathrm{Bi}(n = 1\,000;\, p)$. ($T$ hat hier nichts mit der t-Verteilung zu tun, sondern soll an die Bezeichnung „Testgröße" erinnern.)

3. Schritt: Herleitung der Entscheidungsregel: Wenn $H_0: \; p \geq 0{,}14$ richtig ist, so wird T nicht zu klein ausfallen, also $T > c$ für eine noch näher zu bestimmende Zahl c. Umgekehrt heißt das aber: Wenn $T \leq c$ ist, dann könnte das ein Hinweis darauf sein, dass H_0 nicht richtig und besser zugunsten von H_1 abzulehnen ist. Der Wert c wird so gewählt, dass die Wahrscheinlichkeit, die richtige Nullhypothese irrtümlich abzulehnen, einen vorgegebenen kleinen Wert α, etwa $\alpha = 0{,}05$, nicht überschreitet. Da n groß ist, dürfen wir die Binomialverteiung durch die Normalverteilung approximieren (siehe (3.80)):

$$0{,}05 = \alpha = P(T \leq c | H_0) \approx \Phi\left(\frac{c - np + 1/2}{\sqrt{np(1-p)}}\right).$$

(Die Zeichen „$|H_0$" bedeuten „unter der Bedingung H_0".) Wir setzen $n = 1\,000$ und für p den gerade noch mit H_0 verträglichen Wert $p = 0{,}14$:

$$0{,}05 \approx \Phi\left(\frac{c - 139{,}5}{\sqrt{120{,}4}}\right).$$

Daraus lässt sich c mithilfe von Tabelle A.1 bestimmen:

$$0{,}95 = \Phi\left(\frac{139{,}5 - c}{\sqrt{120{,}4}}\right) \Rightarrow \frac{139{,}5 - c}{\sqrt{120{,}4}} = 1{,}645 \Rightarrow c = 121{,}45.$$

Die **Entscheidungsregel** lautet somit: Falls in der Stichprobe vom Umfang 1 000 die Anzahl der Fantasy-Figuren 121 oder weniger beträgt, ist H_0 abzulehnen zugunsten von H_1. Im anderen Fall kann H_0 nicht abgelehnt werden, das Stichprobenergebnis ist dann mit H_0 vereinbar.

4. Schritt: Realisierung der Testgröße und Vergleich: Es wurden 130 solcher Figuren gefunden. 130 ist nicht kleiner als 121, das Ergebnis genügt also **nicht**, um dem Hersteller Betrug nachzuweisen! Die Verbraucherorganisation muss daher die Behauptung, p sei mindestens 0,14, weiterhin so stehen lassen, das Stichprobenergebnis ist noch mit H_0 vereinbar. ∎

Allgemeine Anmerkungen zu Hypothesentests

1. Anmerkung: Wir müssen streng unterscheiden zwischen den realen Verhältnissen („H_0 ist richtig" bzw. „H_0 ist falsch": Genau eine Aussage davon trifft zu, welche, wissen wir nicht) und unserer Entscheidung („H_0 ablehnen" bzw. „H_0 nicht ablehnen"). Aus diesen beiden Paaren ergeben sich vier mögliche Kombinationen, von denen zwei miteinander verträglich sind (richtige Entscheidung) und zwei nicht (Fehler), wie die folgende Übersicht zeigt:

unbekannte	unsere Entscheidung	
reale Verhältnisse	H_0 ablehnen	H_0 nicht ablehnen
H_0 richtig	Fehler 1. Art	richtige Entscheidung
H_0 falsch	richtige Entscheidung	„Fehler“ 2. Art

Die Fehlentscheidung, die richtige Nullhypothese irrtümlich abzulehnen, heißt also **Fehler 1. Art**. Prinzipiell sind beide Fehler unvermeidlich. Um wenigstens einen davon in den Griff zu bekommen, werden Tests immer so konstruiert, dass die Wahrscheinlichkeit für den Fehler 1. Art kleiner als eine vorgegebene kleine Zahl α wird, dass also der Fehler 1. Art selten eintritt. Dieses α ist somit eine obere Schranke für die Wahrscheinlichkeit des Fehlers 1. Art und heißt **Signifikanzniveau** oder **Irrtumswahrscheinlichkeit** des Tests. Es ist vor der Durchführung des Tests festzulegen und wird häufig zu $\alpha = 0{,}05$ oder $\alpha = 0{,}01$ gewählt. Im Beispiel 4.14 beträgt die Wahrscheinlichkeit für den Fehler 1. Art

$$P(T \leq 121|H_0) = \Phi(\frac{121 - 140 + 1/2}{\sqrt{120{,}4}}) = \Phi(-1{,}69) = 0{,}046. \qquad (4.36)$$

Exakt $\alpha = 0{,}05$ ist hier nicht erreichbar, weil c nur diskrete Werte annehmen kann.

2. Anmerkung: Im Beispiel 4.14 wich T nach unten von dem unter H_0 erwarteten Wert 140 ab, was zunächst einmal gegen den Hersteller sprechen würde. Die Abweichung war aber nicht stark genug, um H_0 verwerfen zu können. Die Gefahr, dem Hersteller Unrecht zu tun und damit selbst unglaubwürdig zu werden, ist zu groß. Wäre T aber kleiner gleich 121 gewesen, würde die Abweichung ausreichen, um mit hoher Sicherheit H_0 verwerfen zu können. Wir sprechen dann von einem **signifikanten** Stichprobenergebnis. Der Wert $c = 121$ markiert also im Beispiel die Grenze zwischen den zufälligen, vertretbaren und den signifikanten, nicht mehr hinnehmbaren Ergebnissen. Die Menge aller Werte der Testgröße T, die zu einer Ablehnung von H_0 führen, heißt **Ablehnungsbereich** oder **kritischer Bereich**. Im Beispiel besteht der Ablehnungsbereich also aus allen natürlichen Zahlen kleiner oder gleich 121.

3. Anmerkung: Die Testentscheidung im Beispiel 4.14 heißt **nicht**, dass H_0 damit **bewiesen** wäre. Vielmehr ist das Beste, was wir sagen können, dass das Stichprobenergebnis nicht signifikant ist, also nicht gegen H_0 spricht. Keinesfalls darf man daraufhin H_0 „annehmen“ im Sinne eines Beweises! Deshalb steht auch in obiger Tabelle „Fehler“ 2. Art in Anführungszeichen, denn es handelt sich streng genommen um gar keinen Fehler: H_0 ist zwar falsch, aber wir entscheiden uns ja gar nicht für H_0, sondern sagen nur vorsichtig, dass wir nichts gefunden haben, was gegen H_0 spricht. Wir enthalten uns sozusagen der Stimme.

Wohl aber kann ein Stichprobenergebnis in signifikantem Widerspruch zu H_0 stehen, wobei jedoch immer ein Rest Unsicherheit bleibt: Wenn wir im Beispiel 4.14 viele Stichproben jeweils vom Umfang 1 000 ziehen, und H_0 ist die ganze Zeit richtig, so würde nach (4.36) in 4,6 % aller Fälle H_0 fälschlicherweise abgelehnt, dem Hersteller also Unrecht getan. Wem das zuviel Unbehagen bereitet, der kann das Signifikanzniveau verkleinern, etwa auf $\alpha = 0{,}01$. Dann wird der kritische Bereich kleiner und der Test vorsichtiger in dem Sinne, dass das Ergebnis öfter lautet: „H_0 kann nicht abgelehnt werden“. Nur noch bei ganz besonders krassen Abweichungen des Stichprobenergebnisses von H_0 wird T in den kritischen Bereich fallen und H_0 abgelehnt werden. Kann man bei einem Test H_0 zum Niveau $\alpha = 0{,}01$ ablehnen, dann spricht man auch von einem **hoch-signifikanten** Stichprobenergebnis. Wenn H_0 richtig ist, dann ist es praktisch unmöglich, dass wir es ablehnen. Umgekehrt heißt das aber: Wenn wir H_0 ablehnen, dann ist es eben auch nicht richtig und wir haben (höchstwahrscheinlich) eine richtige Entscheidung getroffen. Dieses Vorgehen steht im Einklang mit der modernen Wissenschaftstheorie nach Karl Popper[1], wonach eine allgemein gültige Hypothese durch empirisch gewonnenes Wissen (Stichprobe!) zwar niemals verifiziert werden kann, wohl aber falsifiziert, d. h. als ungültig erkannt werden kann (siehe [7]).

4. Anmerkung: Eine wichtige Regel beim Hypothesen-Testen ist der folgende

Grundsatz beim Testen

Gewinnt man aufgrund einer Stichprobe eine Vermutung (Hypothese), so muss man zum Testen dieser Hypothese eine **neue Stichprobe** ziehen.

Jedes davon abweichende Vorgehen ist wissenschaftlich unredlich und kann dazu missbraucht werden, völlig unsinnige Ergebnisse zu erzielen.

Beispiel 4.15

Ein Mensch, der diesen Grundsatz verletzt, beobachtet in einem Spielkasino solange einen Roulette-Kessel, bis an diesem Kessel zehnmal hintereinander eine rote Zahl fällt. (Irgendwann wird das nach dem Gesetz

[1] Karl Popper (1902–1994), österr.-britischer Philosoph und Wissenschaftstheoretiker

der großen Zahlen bei jedem Kessel passieren.) Danach behauptet er, der Kessel sei nicht fair, weil er die Nullhypothese H_0: „Der Kessel ist fair“ ($p = P(\text{Rot}) = 18/37$) zugunsten von H_1: „Der Kessel bevorzugt Rot“ ($p > 18/37$) zum 1 %-Niveau, also hoch-signifikant, ablehnen kann. In der Tat beträgt die Wahrscheinlichkeit, zehnmal hintereinander „Rot“ zu werfen bei einem fairen Kessel nur $(18/37)^{10} = 0{,}00074$. Es dürfte aber klar sein, dass man auf diese Weise mit ein bisschen Geduld jedem Roulette-Kessel „Unfairness“ nachweisen kann. ■

5. Anmerkung: Wesentliches Qualitätsmerkmal eines Hypothesentests ist seine **Gütefunktion**, oder gleichbedeutend **Güte**, **Macht**, **Mächtigkeit** und **Power**. Letzter Begriff hat sich auch im Deutschen durchgesetzt. Die Gütefunktion erlaubt es, zwei Tests zur selben Fragestellung und zum selben Signifikanzniveau miteinander zu vergleichen.

Definition 4.5

Es sei θ der unbekannte Parameter (also etwa $\theta = \mu$, $\theta = \sigma^2$ oder $\theta = p$ wie in Beispiel 4.14), über den eine Nullhypothese fomuliert wurde, die getestet werden soll. Die **Gütefunktion** $g(\theta)$ ist dann definiert als die Wahrscheinlichkeit, H_0 abzulehnen, wenn der wahre aber unbekannte Parameter den Wert θ hat, kurz

$$g(\theta) := P(H_0 \text{ ablehnen} \mid \theta). \tag{4.37}$$

Idealerweise solle also eine Gütefunktion gleich 1 sein für alle θ, die nicht aus H_0 stammen, und 0 für diejenigen, die aus H_0 stammen. Diese ideale Gestalt wird in der Praxis natürlich nicht erreicht, man kann ihr aber nahekommen, wie das folgende Beispiel zeigt:

Beispiel 4.16

Man bestimme und zeichne die Gütefunktion $g(p)$ des Tests, der in Beispiel 4.14 konstruiert wurde.

Lösung: Die Testvorschrift lautet: Ziehe eine Stichprobe vom Umfang $n = 1\,000$ und zähle darin die Anzahl T der Fantasy-Figuren. Ist $T \leq 121$, dann lehne die Nullhypothese $p \geq 0{,}14$ ab. Nach (4.37) folgt

$$g(p) = P(H_0 \text{ ablehnen} \mid p) = P(T \leq 121 \mid p) \approx \Phi\left(\frac{121 - 1\,000\,p + 0{,}5}{\sqrt{1\,000\,p(1-p)}}\right).$$

(Dabei wurde wieder Näherungsformel (3.80) verwendet.) Diese Funktion hängt nur noch von p ab und ist in Bild 4.4 fett gezeichnet. Zum Vergleich dazu ist auch noch dünn die Gütefunktion eingezeichnet, die man erhält, wenn man als Stichprobenumfang nur $n = 100$ wählt (siehe Aufgabe 4.10), sowie die ideale Gütefunktion. Offenbar kommt man mit $n = 1\,000$ dem Idealfall näher als mit $n = 100$. Zwar erfüllen beide Tests, dass die Wahrscheinlichkeit für einen Fehler erster Art kleiner als 0,05 ist, aber der Test mit $n = 1\,000$ „entdeckt" die Gültigkeit von H_1 (d. h. weniger Fantasy-Figuren als vom Hersteller behauptet) mit einer größeren Wahrscheinlichkeit als der mit $n = 100$. Die Gütefunktion macht also den Nutzen sichtbar, den man für den höheren Aufwand (größere Stichprobe) erhält. ■

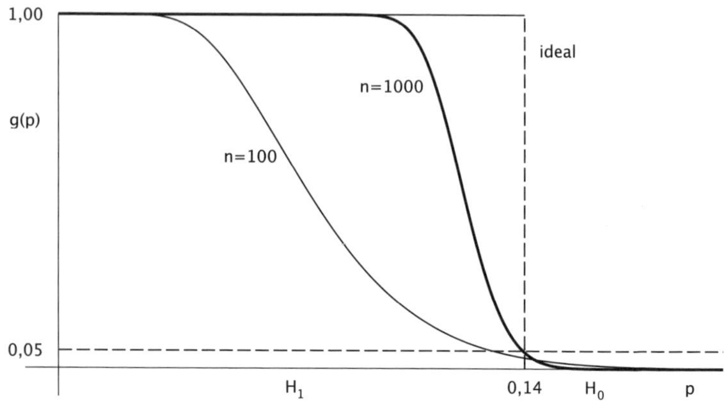

Bild 4.4: Gütefunktion $g(p)$ des Tests in Beispiel 4.14

6. Anmerkung: In Beispiel 4.14 wurde eine **einseitige** Alternative getestet:

$$H_0\colon\ p \geq 0{,}14 \text{ gegen } H_1\colon\ p < 0{,}14.$$

Einseitig heißt sie deswegen, weil H_1 so formuliert ist, dass p nur nach einer Seite vom Schwellenwert $p_0 = 0{,}14$ abweicht. Daneben kennt man auch **zweiseitige** oder **symmetrische** Alternativen der Form $H_0 : \theta = \theta_0$ gegen $H_1 : \theta \neq \theta_0$. Ob eine Alternative einseitig oder zweiseitig formuliert wird, entscheidet der Versuchsleiter vor der Durchführung des Versuches aufgrund inhaltlicher Kriterien. So ist es z. B. nur schwer vorstellbar, dass Rauchen das Leben verlängert. Also wird man die Nullhypothese „Raucher und Nichtraucher haben gleiche Lebenserwartung“ gegen die einseitige Alternative „Raucher haben kürzere Lebenserwartung als Nichtraucher“ testen. Ist man sich nicht sicher, so wähle man auf jeden Fall die zweiseitige Alternative.

Weitere Einstichprobentests

Im folgenden Beispiel eines ***t*-Tests** wird eine zweiseitige Alternative getestet.

Beispiel 4.17

An einer Abfüllanlage werden Flaschen mit der Sollmenge $\mu_0 = 1\,000$ ml abgefüllt. Ein Qualitätskontrolleur will sich vom ordnungsgemäßen Zustand der Anlage überzeugen. Er möchte weder haben, dass $\mu < 1\,000$ ml ist (Angst vor Einsprüchen der Verbraucher), noch dass $\mu > 1\,000$ ml ist (unnötige Verschwendung, finanzielle Verluste). Eine Stichprobe bei $n = 100$ Flaschen ergab das Stichprobenmittel $\bar{x} = 999{,}3$ ml und die Stichprobenvarianz $s^2 = 4\,\text{ml}^2$. Man formuliere einen geeigneten Test und führe ihn durch auf dem 1 %-Niveau. Kann der Kontrolleur aufgrund dieser Stichprobe H_0 ablehnen oder nicht?

Lösung: Wir verwenden wieder die vier Schritte aus Beispiel 4.14.
1. Schritt: Der Sollwert ist 1 000 ml, Abweichungen nach beiden Seiten sollen aufgedeckt werden. Der Kontrolleur testet daher die Nullhypothese $H_0\colon \mu = 1\,000$ ml gegen die Alternative $H_1 : \mu \neq 1\,000$ ml.
2. Schritt: Hier eignet sich die Testgröße

$$T := \frac{\overline{X} - \mu_0}{S/\sqrt{n}}, \tag{4.38}$$

die unter Zugrundelegung von H_0 nach (4.24) einer t-Verteilung mit $n - 1$ Freiheitsgraden gehorcht.[1]
3. Schritt: Ist H_0 richtig, so wird $\overline{X}$ nicht allzu weit vom Sollwert $\mu_0 = 1\,000$ abweichen, und $|T|$ wird daher klein ausfallen, also etwa $|T| \leq c$ für eine noch näher zu bestimmende Zahl c. Umgekehrt heißt das: Ist $|T| > c$, dann ist H_0 wahrscheinlich nicht richtig und sollte besser abgelehnt werden zugunsten von H_1. Wir wählen c so, dass

$$\begin{aligned} \alpha &= P(\text{Fehler 1. Art}) = P(|T| > c\,|H_0) \\ &= P(T > c\,|H_0) + P(T < -c\,|H_0). \end{aligned}$$

[1] Dies gilt streng genommen nur dann, wenn die Füllmenge X normalverteilt ist. Wegen $n = 100$ und des zentralen Grenzwertsatzes darf aber $\overline{X}$ ausreichend genau als normalverteilt angesehen werden.

Wegen der Symmetrie der Fragestellung teilen wir α zu gleichen Teilen auf die beiden letzten Wahrscheinlichkeiten auf:

$$P(T > c|H_0) = P(T < -c|H_0) = \alpha/2.$$

Daraus kann man c bestimmen: Es muss gelten $P(T > c\,|H_0) = \alpha/2$, also $P(T \leq c\,|H_0) = 1 - \alpha/2 = 0{,}995$. Der Tabelle A.2 mit $n - 1 = 99$ Freiheitsgraden entnehmen wir $c = 2{,}626$. Die **Entscheidungsregel** lautet also:

$$H_0 \text{ ablehnen} \Leftrightarrow |T| > 2{,}626.$$

4. Schritt: Die Realisierung der Testgröße war $t = \dfrac{999{,}3 - 1\,000}{2/\sqrt{100}} = -3{,}5$, also $|t| = 3{,}5 > 2{,}626$. Die Nullhypothese kann daher getrost abgelehnt werden, das Stichprobenergebnis $\bar{x} = 999{,}3\,\text{ml}$ weicht hoch-signifikant vom Sollwert 1 000 ml ab. ■

Das Testen von Hypothesen ist eng verwandt mit der Konstruktion von Konfidenzintervallen. Für zweiseitige Fragestellungen über einen Parameter θ können nämlich alle in Abschnitt 4.3 besprochenen Konfidenzintervalle zur Gewinnung von Tests genutzt werden:

Satz 4.4

> Die Nullhypothese $H_0 : \theta = \theta_0$ kann zum Signifikanzniveau α abgelehnt werden zugunsten von $H_1 : \theta \neq \theta_0$, wenn das Konfidenzintervall für θ zum Vertrauensniveau $1 - \alpha$ den hypothetischen Parameter θ_0 nicht überdeckt.

Wir weisen dies am Beispiel des eben hergeleiteten t-Tests nach: H_0 kann abgelehnt werden zum Niveau α genau dann, wenn $|T| > c$, wobei c definiert ist durch $F_{n-1}(c) = 1 - \alpha/2$ (F_{n-1} ist hier die Verteilungsfunktion der t-Verteilung mit $n - 1$ Freiheitsgraden). Es folgt

$$\begin{aligned} |T| > c \quad &\Leftrightarrow \quad \left|\frac{\overline{X} - \mu_0}{S/\sqrt{n}}\right| > c \Leftrightarrow |\overline{X} - \mu_0| > c\frac{S}{\sqrt{n}} \\ &\Leftrightarrow \quad \mu_0 \notin [\overline{X} - c\frac{S}{\sqrt{n}},\ \overline{X} + c\frac{S}{\sqrt{n}}]. \end{aligned}$$

Letzteres ist aber gerade das Konfidenzintervall (4.25) für μ bei unbekannter Standardabweichung. Es gilt also der Zusammenhang

(Vertrauensniveau des Konf.-Intervalls) = 1 − (Signifikanzniveau des Tests).

Beispiel 4.18

Man teste die Hypothese $H_0 : \mu = 1\,000$ gegen $H_1 : \mu \neq 1\,000$ aus Beispiel 4.17 noch einmal, diesmal mithilfe des zugehörigen Konfidenzintervalls.

Lösung: Nach (4.25) gilt $F_{99}(c) = 0{,}995$, also $c = 2{,}626$. Daraus berechnen wir $k = c \cdot s/\sqrt{n} = 2{,}626 \cdot 2/\sqrt{100} = 0{,}53$. Das Konfidenzintervall für μ lautet also

$$[999{,}3 - 0{,}53;\ 999{,}3 + 0{,}52] = [998{,}77;\ 999{,}83].$$

Es überdeckt den hypothetischen Wert 1 000 **nicht**, also kann H_0 zum Vertrauensniveau $\alpha = 0{,}01$ abgelehnt werden. Der Test und das Konfidenzintervall liefern dasselbe Ergebnis. ∎

Die Annahme, das Testen von Hypothesen sei nur eine Umformulierung der Konstruktion von Konfidenzintervallen, ist jedoch falsch. Tatsächlich sind die Hypothesentests mächtiger in dem Sinne, dass es Tests gibt, die sich nicht mithilfe eines äquivalenten Konfidenzintervalls formulieren lassen. Es sind dies alle Tests, die keine einzelnen Parameter betreffen, so z. B. der weiter unten besprochene χ^2-Anpassungstest und die Unabhängigkeitstests, die aber im Rahmen dieses Buches nicht besprochen werden können. Wir verweisen hier auf die einschlägige Literatur, z. B. [1] und [8].

Zweistichprobentests

Im Zusammenhang mit der t-Verteilung sollen noch zwei wichtige Tests besprochen werden, die im Gegensatz zu allen bisherigen Tests nicht eine Aussage über einen einzigen Parameter testen, sondern über zwei, nämlich über die Erwartungswerte zweier Normalverteilungen. Es sei dazu $(X_1, X_2, \ldots, X_{n_1})$ eine erste Zufallsstichprobe, wobei die X_i nach $\mathrm{N}(\mu_1; \sigma^2)$ verteilt sind, und $(Y_1, Y_2, \ldots, Y_{n_2})$ eine zweite, in der die Y_i nach $\mathrm{N}(\mu_2; \sigma^2)$ verteilt sind. Die Varianzen σ^2 beider Normalverteilungen müssen nicht bekannt sein, wir nehmen aber an, dass sie gleich sind. Wir wollen die Nullhypothese

$$H_0 : \mu_1 = \mu_2$$

gegen die Alternativen

$H_1 : \mu_1 \neq \mu_2$ (zweiseitige Alternative) oder

$H_1 : \mu_1 < \mu_2$ bzw. $H_1 : \mu_1 > \mu_2$ (einseitige Alternativen)

testen. Dazu unterscheiden wir zwei Fälle:

Fall 1: Es handelt sich um zwei **verbundene Stichproben**, d. h., beide Stichprobenumfänge sind gleich ($n_1 = n_2 = n$), und der i-te Wert der ersten Stichprobe korrespondiert mit dem i-ten Wert der zweiten. Dies ist typischerweise dann der Fall, wenn n Objekte (Personen, Versuchstiere, ...) vor und nach einer Behandlung oder nach Behandlung A und nach Behandlung B untersucht wurden. Wir bilden dann die Differenzen $D_i := X_i - Y_i$. Diese müssen bei Vorliegen von H_0 den Erwartungswert $E[D_i] = E[X_i] - E[Y_i] = \mu_1 - \mu_2 = 0$ besitzen. Da die D_i nach Voraussetzung normalverteilt sind, können wir den aus Beispiel 4.17 bekannten t-Test für den Erwartungswert von D durchführen. Die Testgröße lautet analog zu (4.38)

$$T := \frac{\overline{D} - E[\overline{D}]}{S_D/\sqrt{n}} = \frac{\overline{D}}{S_D} \cdot \sqrt{n}, \tag{4.39}$$

wobei $S_D = \sqrt{\frac{1}{n-1}\sum(D_i - \overline{D})^2}$ die empirische Standardabweichung der D_i ist. T gehorcht unter H_0 einer t-Verteilung mit $n-1$ Freiheitsgraden. Bei der zweiseitigen Alternative kann also H_0 abgelehnt werden zum Niveau α, wenn $|T| > c$ ist, wobei c aus Tabelle A.2 bestimmt wird durch $F_{n-1}(c) = 1 - \alpha/2$. Bei der einseitigen Alternative $H_1 : \mu_1 < \mu_2$ wird H_0 abgelehnt, falls $T < c$ mit $F_{n-1}(c) = \alpha$, bei $H_1 : \mu_1 > \mu_2$ wird H_0 abgelehnt, falls $T > c$ mit $F_{n-1}(c) = 1 - \alpha$.

Fall 2: Es handelt sich um zwei **unverbundene Stichproben**, d. h., beide Stichproben wurden unabhängig voneinander gezogen und müssen auch nicht dieselben Umfänge haben. Hier argumentiert man wie folgt: Es ist $\overline{X} \sim \mathrm{N}(\mu_1; (\sigma/\sqrt{n_1})^2)$ und $\overline{Y} \sim \mathrm{N}(\mu_2; (\sigma/\sqrt{n_2})^2)$. Also ist die Differenz $\overline{X} - \overline{Y}$ verteilt nach $\mathrm{N}(\mu_1 - \mu_2; \sqrt{\sigma^2/n_1 + \sigma^2/n_2}^2)$. Falls H_0 richtig ist, folgt $\overline{X} - \overline{Y} \sim \mathrm{N}(0; \sqrt{\sigma^2/n_1 + \sigma^2/n_2}^2)$. Standardisierung führt zu

$$\frac{\overline{X} - \overline{Y}}{\sqrt{\sigma^2/n_1 + \sigma^2/n_2}} \sim \mathrm{N}(0; 1^2).$$

Nun ist aber σ^2 normalerweise nicht bekannt. Also ersetzt man σ^2 durch die Punktschätzung

$$S^2 := \frac{(n_1 - 1)S_1^2 + (n_2 - 1)S_2^2}{n_1 + n_2 - 2}.$$

Diese ist ein gewogenes arithmetisches Mittel aus den beiden Stichprobenvarianzen $S_1^2 := \frac{1}{n_1-1}\sum(X_i - \overline{X})^2$ und $S_2^2 := \frac{1}{n_2-1}\sum(Y_i - \overline{Y})^2$. Die damit gebildete Testgröße

$$T := \frac{\overline{X} - \overline{Y}}{\sqrt{S^2/n_1 + S^2/n_2}} = \frac{\overline{X} - \overline{Y}}{S}\sqrt{\frac{n_1 n_2}{n_1 + n_2}}. \tag{4.40}$$

ist nun allerdings nicht mehr normalverteilt, sondern vielmehr **t-verteilt mit $n_1 + n_2 - 2$ Freiheitsgraden**. Wenn also $H_0 : \mu_1 = \mu_2$ zutrifft, wird $|T|$ nicht allzu groß werden wegen $\overline{X} \approx \overline{Y}$. Umgekehrt heißt das aber, dass man H_0 ablehnen wird zugunsten von $H_1 : \mu_1 \neq \mu_2$, wenn $|T| > c$ ist, wobei c wie immer so gewählt wird, dass die Wahrscheinlichkeit für einen Fehler 1. Art gleich der vorgegebenen kleinen Zahl α ist: $F_{n_1+n_2-2}(c) = 1 - \alpha/2$. Bei der einseitigen Alternative $H_1 : \mu_1 < \mu_2$ wird H_0 abgelehnt, falls $T < c$ mit $F_{n_1+n_2-2}(c) = \alpha$, bei $H_1 : \mu_1 > \mu_2$ wird H_0 abgelehnt, falls $T > c$ mit $F_{n_1+n_2-2}(c) = 1 - \alpha$.

Für den Fall $n_1 = n_2 = n$ vereinfacht sich (4.40) zu

$$T = \sqrt{n}\frac{\overline{X} - \overline{Y}}{\sqrt{S_1^2 + S_2^2}}. \tag{4.41}$$

Beispiel 4.19 t-Test für zwei verbundene Stichproben

Es soll getestet werden, ob ein neuartiger Futtermittelzusatz die Milchleistung von Milchkühen erhöht. Zu diesem Zweck wurden $n = 10$ Kühe einer bestimmten Rasse ausgewählt und zunächst eine Woche lang ohne den Zusatz im Futter beobachtet. Es sei X_i die durchschnittliche[1] Milchleistung pro Tag der i-ten Kuh **ohne** Zusatz. Danach wird der Zusatz dem Futter beigemischt und nach Verstreichen einer gewissen Wirkungsdauer wieder jede Kuh eine Woche lang beobachtet. Y_i sei die durchschnittliche tägliche Milchleistung der i-ten Kuh **mit** Zusatz. Die beiden Grundgesamtheiten sind also alle Kühe dieser Rasse **vor** der Behandlung und alle Kühe **nach** der Behandlung. Es sei ausgeschlossen, dass der Zusatz die Milchleistung verringert. Die Ergebnisse sind in der folgenden Tabelle dargestellt:

Kuh Nr. i	1	2	3	4	5	6	7	8	9	10
x_i in kg/Tag	20	22	23	19	21	25	22	18	22	23
y_i in kg/Tag	22	24	25	20	20	25	22	18	23	24

[1] Mit der Durchschnittsbildung wird sichergestellt, dass die Normalverteilungsannahme für die X_i und Y_i in guter Näherung erfüllt ist (zentraler Grenzwertsatz).

Bis auf eine Ausnahme hat sich die Milchleistung also erhöht oder ist zumindest gleichgeblieben. Ist das ein Grund zum Jubeln, oder sollte der Versuchsleiter lieber schweigen und das Ergebnis dem Zufall (natürliche Streuung bei der Milchleistung von Woche zu Woche) zurechnen? Man teste zum 5 %-Niveau unter der Annahme, dass die X_i und Y_i gleiche Varianzen haben.

Lösung:
1. Schritt: Nach Voraussetzung verringert der Zusatz die Milchleistung nicht, also testen wir $H_0: \mu_1 = \mu_2$ (der Zusatz bewirkt keine Leistungssteigerung) gegen $H_1: \mu_1 < \mu_2$ (der Zusatz erhöht die Milchleistung).
2. Schritt: Es handelt sich offenbar um verbundene Stichproben, wir können also die Testgröße T aus (4.39) verwenden.
3. Schritt: Wegen der einseitigen Fragestellung kann H_0 abgelehnt werden zum 5 %-Niveau, wenn $T < c$ ist mit $F_9(c) = 0{,}05$, also $F_9(-c) = 0{,}95$, daraus mit Tabelle A.2: $-c = 1{,}833$ und schließlich $c = -1{,}833$.
4. Schritt: Für den Vektor der Differenzen $d_i = x_i - y_i$ erhalten wir aus der Tabelle

$$\vec{d} = (-2,\ -2,\ -2,\ -1,\ 1,\ 0,\ 0,\ 0,\ -1,\ -1)$$

und daraus $\bar{d} = -0{,}8$ und $s_d = \sqrt{1/9 \cdot \sum (d_i - \bar{d})^2} = 1{,}0328$. Die Testgröße lautet nach (4.39): $t = \frac{-0{,}8}{1{,}0328}\sqrt{10} = -2{,}45$. Dies ist kleiner als $-1{,}833$. H_0 kann also abgelehnt werden, das Stichprobenergebnis nach der Futtermittelzugabe ist signifikant. ■

Wenn man die Wahl hat zwischen t-Test für verbundene und unverbundene Stichproben, so nehme man den für verbundene, da er mehr Information ausnützt (nämlich welche Werte der beiden Reihen miteinander korrespondieren) als der für unverbundene (siehe dazu Aufgabe 4.12).

Test auf eine Verteilung: Der χ^2-Anpassungstest

Als Letztes besprechen wir einen sehr nützlichen Test, der nicht auf ein äquivalentes Problem über ein Konfidenzintervall zurückgeführt werden kann, den **χ^2-Anpassungstest** (engl. **goodness-of-fit-test**). In den vorangegangenen Tests wurde z. B. öfters die Annahme vorausgesetzt, eine zufällige Variable X sei normalverteilt oder, was dasselbe bedeutet, eine Grundgesamtheit sei bezüglich eines bestimmten Merkmals X normalverteilt. Aber wie können wir das überprüfen, wo wir doch gar nicht die ganze Grundgesamtheit kennen, sondern nur einen winzigen Ausschnitt davon, nämlich eine Stichprobe?

Natürlich gilt auch hier der Grundsatz, dass man aufgrund einer Beobachtung (empirisches Wissen) keine immer und überall gültigen Aussagen beweisen kann. Doch können wir zumindest einen Test durchführen, der wie immer zwei mögliche Ausgänge hat: Die hypothetische Verteilungsannahme wird zurückgewiesen, oder sie kann stehen bleiben, dann spricht die Beobachtung jedenfalls nicht gegen die Annahme dieser Verteilung. Der im Folgenden beschriebene Test ist nicht etwa auf die Normalverteilung beschränkt, er kann vielmehr zur Überprüfung jeder beliebigen hypothetischen Verteilung herangezogen werden, auch für diskrete Verteilungen.

Voraussetzungen: Es sei (x_1, p_1), (x_2, p_2), ... eine diskrete Wahrscheinlichkeitsverteilung bzw. $F(x)$ eine Verteilungsfunktion (hypothetische, theoretische, angenommene oder vermutete Verteilung). Wir gehen davon aus, dass im stetigen Fall die Daten als klassierte Häufigkeitstabelle in Form von m disjunkten Klassen vorliegen (s. Def. 2.2), die Klasse $K_j = [a_j, b_j)$, $j = 1, \ldots, m$, umfasst dann alle Stichprobenelemente x mit $a_j \leq x < b_j$. Um die Bezeichnungen zu vereinheitlichen, definieren wir für klassierte Daten

$$p_j := P(x \in K_j | H_0) = F(b_j) - F(a_j), \; j = 1, \ldots, m. \tag{4.42}$$

Die p_j sind also im diskreten wie im stetigen Fall hypothetische (angenommene) Wahrscheinlichkeiten.

1. Schritt: Die Nullhypothese lautet

$$H_0\colon \begin{cases} P(X = x_j) \;=\; p_j \text{ für } j = 1, 2, \ldots, & \text{falls } X \text{ diskret,} \\ P(X \leq x) \;=\; F(x) \text{ für } x \in \mathbb{R}, & \text{falls } X \text{ stetig.} \end{cases} \tag{4.43}$$

H_1 ist einfach das genaue Gegenteil davon, nämlich „H_0 ist falsch“. Wir prüfen also, ob die empirische Verteilung der Stichprobe an die angenommene zugrunde liegende theoretische Verteilung gut angepasst ist (engl. „good fit“) oder nicht.

2. Schritt: Ist n der Umfang der Stichprobe, dann ist die Anzahl der Stichprobenelemente, die gleich x_j sind bzw. in K_j liegen wegen der Unabhängigkeit der Ziehungen binomialverteilt nach $\text{Bi}(n; p_j)$, ihr Erwartungswert ist daher nach (3.57) gleich

$$e_j := np_j. \tag{4.44}$$

Wir nennen die Größen e_j **unter H_0 erwartete** oder **theoretische Besetzungszahlen**, im Gegensatz dazu sind die Größen

$$h_j := \text{Anzahl Stichprobenelemente gleich } x_j \text{ bzw. in } K_j \tag{4.45}$$

die **tatsächlichen** oder **beobachteten Besetzungszahlen**. Die h_j sind also Produkte des Zufalls (oder besser „Realisationen von zufälligen Variablen"), die e_j dagegen feste Zahlen. Weichen nun die beobachteten h_j von den erwarteten e_j stark ab, dann ist das ein Hinweis darauf, dass die Nullhypothese nicht richtig ist und besser verworfen werden sollte. Wir brauchen als Testgröße also ein Maß für den „Abstand" der beiden Vektoren $(h_1, \ldots, h_m)$ und $(e_1, \ldots, e_m)$. Ein geeignetes solches Maß ist

$$T := \sum_{j=1}^{m} \frac{(h_j - e_j)^2}{e_j}. \tag{4.46}$$

Es berücksichtigt alle Klassen und wird groß, wenn in einer oder mehreren Klassen die Zahlen h_j und e_j stark voneinander abweichen. Außerdem lässt sich zeigen, dass T unter der Annahme, dass H_0 zutrifft, näherungsweise einer **χ^2-Verteilung mit $m-1$ Freiheitsgraden** gehorcht, und dies umso genauer, je höher der Stichprobenumfang n ist.

3. Schritt: Ist T in (4.46) groß, also etwa $T > c$ für ein noch näher zu bestimmendes c, dann ist das Stichprobenergebnis mit H_0 unvereinbar und H_0 sollte besser verworfen werden. c ist dabei so zu wählen, dass die Wahrscheinlichkeit für einen Fehler 1. Art gleich α ist (z. B. 0,05 oder 0,01). Es folgt daher

$$\begin{aligned} \alpha &= P(H_0 \text{ ablehnen}|H_0 \text{ richtig}) = P(T > c|H_0) \Rightarrow \\ 1-\alpha &= P(T \leq c|H_0) = F_{m-1}(c) \end{aligned} \tag{4.47}$$

wobei F_{m-1} die Verteilungsfunktion der χ^2-Verteilung mit $m-1$ Freiheitsgraden ist. c ist also das $(1-\alpha)$-Quantil dieser Verteilung und kann aus Tabelle A.3 bestimmt werden.

4. Schritt: Aus der Stichprobe wird die Realisation t von T nach (4.46) berechnet und mit c verglichen.

Beispiel 4.20 χ^2-Anpassungstest im diskreten Fall

Um zu überprüfen, ob ein vorgelegter Würfel fair ist (d. h. ein Laplace-Würfel), wurde er in einem Experiment 96-mal geworfen. Diese 96 Würfe sind also eine Stichprobe aus der unendlich großen Grundgesamtheit aller Würfe mit diesem Würfel. Die erzielten absoluten Häufigkeiten h_j waren (12, 15, 14, 16, 14, 25). Auffällig ist, dass die Augenzahl 6 in dem Experiment mehr als doppelt so oft erschien wie die 1. Genügt das, um von einem gezinkten Würfel zu sprechen, oder sollten wir lieber vorsichtig sein und stillschweigen, weil so ein Ergebnis auch bei einem fairen Würfel durch bloßen Zufall zustande kommen kann? Ein χ^2-Anpassungstest schafft Klarheit. Wir testen zum 5 %-Niveau.

Lösung:
1. Schritt: H_0: $p_j = P(\text{Augenzahl}=j) = 1/6,\ j = 1, \ldots, 6$.
2. Schritt: Wir wählen T wie in (4.46), wobei die erwarteten Besetzungszahlen e_j bei einem fairen Würfel alle gleich $96 \cdot 1/6 = 16$ sind.
3. Schritt: Die Anzahl der Klassen ist sechs, daher fünf Freiheitsgrade. Aus (4.47) erhalten wir $F_5(c) = 0{,}95$ und damit aus Tabelle A.3: $c = 11{,}07$. Entscheidungsregel: H_0 kann zum 5 %-Niveau abgelehnt werden, wenn $T > 11{,}07$ ist.
4. Schritt: Die Realisierung der Testgröße (4.46) ist

$$t = \frac{(12-16)^2}{16} + \frac{(15-16)^2}{16} + \ldots + \frac{(25-16)^2}{16} = 6{,}625.$$

Das überraschende Ergebnis: Wegen $t < c$ kann H_0: „Der Würfel ist fair" **nicht** abgelehnt werden zum 5 %-Niveau, die Abweichung der tatsächlichen Besetzungszahlen von den erwarteten ist nicht signifikant! Wir müssen also weiterhin davon ausgehen, dass der Würfel fair ist. ∎

Wir erwähnen noch, dass sich die Anzahl der Freiheitsgrade in der χ^2-Verteilung von T für jeden Parameter der hypothetischen Verteilung, der aus der Stichprobe geschätzt wurde, um 1 verringert. Hat man also r Parameter aus der Stichprobe geschätzt, so ist T in (4.46) annähernd χ^2-verteilt mit $m-r-1$ Freiheitsgraden. c ist das $(1-\alpha)$-Quantil dieser Verteilung.

Eine **Faustregel** besagt, dass die χ^2-Verteilung ausreichend genaue Werte liefert, wenn die erwarteten Besetzungszahlen nicht zu klein sind, es sollte

$$\boxed{e_j = np_j \geq 5,\ j = 1, \ldots, m} \tag{4.48}$$

gelten. Ist dies einmal nicht der Fall, wird empfohlen, benachbarte Klassen zu einer einzigen zusammenzulegen, so dass diese Faustregel erfüllt ist.

Aufgaben

4.10 In Beispiel 4.14 wird H_0 abgelehnt, wenn $T \leq c$ ist. Bestimmen Sie diese Zahl $c \in \mathbb{N}$, wenn der Stichprobenumfang nur $n = 100$ beträgt (Niveau $\alpha = 0{,}05$). Wie lautet dann die Formel für die in Bild 4.4 dargestellte Gütefunktion $g(p)$ für $n = 100$? Rechnen Sie näherungsweise mit der Normalverteilung.

4.11 Bei der Massenproduktion eines Artikels treten immer wieder unbrauchbare Stücke auf. Der Produzent versichert, dass ihr Anteil p nicht mehr als 2 % beträgt. Eine Stichprobe vom Umfang $n = 5\,000$ ergab 120 unbrauchbare Artikel. Formulieren Sie H_0 und H_1. Kann man H_0 zum Niveau $\alpha = 0{,}05$ ablehnen? Zum Niveau $\alpha = 0{,}01$?

4.12 Angenommen, in Beispiel 4.19 ist die Information verlorengegangen, welche Zahl der x_i mit welcher der y_i korrespondiert. Man muss dann den t-Test für unverbundene Stichproben durchführen. Berechnen Sie die zugehörige Testgröße (4.41) und entscheiden Sie, ob man daraufhin von einer signifikanten Verbesserung der Milchleistung sprechen kann. Steht das Ergebnis im Widerspruch zu dem in Beispiel 4.19 durchgeführten Test mit verbundenen Stichproben oder nicht? Wie sind die unterschiedlichen Ergebnisse zu erklären?

4.13 Multiplizieren Sie in Beispiel 4.20 alle beobachteten Besetzungszahlen und den Stichprobenumfang n mit dem Faktor 2. Kann man jetzt H_0 ablehnen, also von einem unfairen Würfel sprechen? Testen Sie

a) zum 5 %-Niveau,

b) zum 1 %-Niveau.

4.14 Wenn 1 000 Münzwürfe 530-mal „Zahl" ergaben, dürfen wir dann noch von einer fairen Münze (Laplace-Münze) sprechen? Testen Sie zum 5 %-Niveau.

4.15 Bestimmen Sie aus den $n = 30$ Einzelgewichten von Aufgabe 2.4 zunächst das Stichprobenmittel $\hat{\mu} = \bar{x}$ und die Stichproben-Standardabweichung $\hat{\sigma} = \sqrt{s^2}$. Testen Sie dann zum 5 %-Niveau die Hypothese, dass die Grundgesamtheit aller Tiere dieser Art bezüglich ihrer Gewichte normalverteilt nach $\mathrm{N}(\hat{\mu}; \hat{\sigma}^2)$ ist. Verwenden Sie dafür folgende Klasseneinteilung: unter 12, 12 bis unter 13, 13 bis unter 14, 14 und höher.

A Tabellen

Die folgenden Tabellen wurden mit der Software Maple 14.00 berechnet.

A.1 Standard-Normalverteilung

Tabelliert sind die Werte der Verteilungsfunktion

$$\Phi(z) = \frac{1}{\sqrt{2\pi}} \int_{-\infty}^{z} \mathrm{e}^{-x^2/2}\, \mathrm{d}x.$$

Für $z < 0$ ist die Formel $\Phi(z) = 1 - \Phi(-z)$ anzuwenden.

Beispiel: $\Phi(-0{,}21) = 1 - \Phi(0{,}21) = 1 - 0{,}5832 = 0{,}4168$.

z	0,00	0,01	0,02	0,03	0,04	0,05	0,06	0,07	0,08	0,09
0,0	0,5000	,5040	,5080	,5120	,5160	,5199	,5239	,5279	,5319	,5359
0,1	,5398	,5438	,5478	,5517	,5557	,5596	,5636	,5675	,5714	,5753
0,2	,5793	,5832	,5871	,5910	,5948	,5987	,6026	,6064	,6103	,6141
0,3	,6179	,6217	,6255	,6293	,6331	,6368	,6406	,6443	,6480	,6517
0,4	,6554	,6591	,6628	,6664	,6700	,6736	,6772	,6808	,6844	,6879
0,5	,6915	,6950	,6985	,7019	,7054	,7088	,7123	,7157	,7190	,7224
0,6	,7257	,7291	,7324	,7357	,7389	,7422	,7454	,7486	,7517	,7549
0,7	,7580	,7611	,7642	,7673	,7704	,7734	,7764	,7794	,7823	,7852
0,8	,7881	,7910	,7939	,7967	,7995	,8023	,8051	,8078	,8106	,8133
0,9	,8159	,8186	,8212	,8238	,8264	,8289	,8315	,8340	,8365	,8389
1,0	,8413	,8438	,8461	,8485	,8508	,8531	,8554	,8577	,8599	,8621
1,1	,8643	,8665	,8686	,8708	,8729	,8749	,8770	,8790	,8810	,8830
1,2	,8849	,8869	,8888	,8907	,8925	,8944	,8962	,8980	,8997	,9015
1,3	,9032	,9049	,9066	,9082	,9099	,9115	,9131	,9147	,9162	,9177
1,4	,9192	,9207	,9222	,9236	,9251	,9265	,9279	,9292	,9306	,9319
1,5	,9332	,9345	,9357	,9370	,9382	,9394	,9406	,9418	,9429	,9441
1,6	,9452	,9463	,9474	,9484	,9495	,9505	,9515	,9525	,9535	,9545
1,7	,9554	,9564	,9573	,9582	,9591	,9599	,9608	,9616	,9625	,9633
1,8	,9641	,9649	,9656	,9664	,9671	,9678	,9686	,9693	,9699	,9706
1,9	,9713	,9719	,9726	,9732	,9738	,9744	,9750	,9756	,9761	,9767
2,0	,9772	,9778	,9783	,9788	,9793	,9798	,9803	,9808	,9812	,9817
2,1	,9821	,9826	,9830	,9834	,9838	,9842	,9846	,9850	,9854	,9857
2,2	,9861	,9864	,9868	,9871	,9875	,9878	,9881	,9884	,9887	,9890
2,3	,9893	,9896	,9898	,9901	,9904	,9906	,9909	,9911	,9913	,9916
2,4	,9918	,9920	,9922	,9925	,9927	,9929	,9931	,9932	,9934	,9936
2,5	,9938	,9940	,9941	,9943	,9945	,9946	,9948	,9949	,9951	,9952
2,6	,9953	,9955	,9956	,9957	,9959	,9960	,9961	,9962	,9963	,9964
2,7	,9965	,9966	,9967	,9968	,9969	,9970	,9971	,9972	,9973	,9974
2,8	,9974	,9975	,9976	,9977	,9977	,9978	,9979	,9979	,9980	,9981
2,9	,9981	,9982	,9982	,9983	,9984	,9984	,9985	,9985	,9986	,9986

z	0,0	0,1	0,2	0,3	0,4	0,5	0,6	0,7	0,8	0,9
3	,9987	,9990	,9993	,9995	,9997	,9998	,9998	,9999	,9999	1,0000

A.2 Studentsche t-Verteilung

Sei $F_m(z)$ die Verteilungsfunktion der t-Verteilung mit m Freiheitsgraden. Tabelliert sind die Werte von z für gegebenes m und p, sodass $F_m(z) = p$ ist.

Beispiel: Gesucht ist z, sodass $F_7(z) = 0{,}95$ ist. Aus der Tabelle liest man ab (Zeile $m = 7$, Spalte $p = 0{,}95$): $z = 1{,}895$.

Für kleine p ($p = 0{,}1$, $0{,}05$, $0{,}025$ usw.) verwende man analog zur Normalverteilung die Symmetrie $F_m(-z) = 1 - p$.

Beispiel: Gesucht ist z, sodass $F_7(z) = 0{,}05$ ist. Es folgt $F_7(-z) = 0{,}95$, also $-z = 1{,}895$ oder $z = -1{,}895$

m	p					
	0,90	0,95	0,975	0,99	0,995	0,999
1	3,078	6,314	12,706	31,821	63,657	318,309
2	1,886	2,920	4,303	6,965	9,925	22,327
3	1,638	2,353	3,182	4,541	5,841	10,215
4	1,533	2,132	2,776	3,747	4,604	7,173
5	1,476	2,015	2,571	3,365	4,032	5,893
6	1,440	1,943	2,447	3,143	3,707	5,208
7	1,415	1,895	2,365	2,998	3,499	4,785
8	1,397	1,860	2,306	2,896	3,355	4,501
9	1,383	1,833	2,262	2,821	3,250	4,297
10	1,372	1,812	2,228	2,764	3,169	4,144
11	1,363	1,796	2,201	2,718	3,106	4,025
12	1,356	1,782	2,179	2,681	3,055	3,930
13	1,350	1,771	2,160	2,650	3,012	3,852
14	1,345	1,761	2,145	2,624	2,977	3,787
15	1,341	1,753	2,131	2,602	2,947	3,733
16	1,337	1,746	2,120	2,583	2,921	3,686
17	1,333	1,740	2,110	2,567	2,898	3,646
18	1,330	1,734	2,101	2,552	2,878	3,610
19	1,328	1,729	2,093	2,539	2,861	3,579
20	1,325	1,725	2,086	2,528	2,845	3,552
22	1,321	1,717	2,074	2,508	2,819	3,505
24	1,318	1,711	2,064	2,492	2,797	3,467
26	1,315	1,706	2,056	2,479	2,779	3,435
28	1,313	1,701	2,048	2,467	2,763	3,408
30	1,310	1,697	2,042	2,457	2,750	3,385
40	1,303	1,684	2,021	2,423	2,704	3,307
60	1,296	1,671	2,000	2,390	2,660	3,232
80	1,292	1,664	1,990	2,374	2,639	3,195
100	1,290	1,660	1,984	2,364	2,626	3,174
200	1,286	1,653	1,972	2,345	2,601	3,131
∞	1,282	1,645	1,960	2,326	2,576	3,090

A.3 χ^2-Verteilung

Sei $F_m(z)$ die Verteilungsfunktion der χ^2-Verteilung mit m Freiheitsgraden. Tabelliert sind die Werte von z für gegebenes m und p, sodass $F_m(z) = p$ ist.

Beispiel: Gesucht ist z, sodass $F_4(z) = 0{,}05$ ist. Aus der Tabelle liest man ab (Zeile $m = 4$, Spalte $p = 0{,}05$): $z = 0{,}71$.

	p							
m	0,005	0,01	0,025	0,05	0,95	0,975	0,99	0,995
1	0,00	0,00	0,00	0,00	3,84	5,02	6,63	7,88
2	0,01	0,02	0,05	0,10	5,99	7,38	9,21	10,60
3	0,07	0,11	0,22	0,35	7,81	9,35	11,34	12,84
4	0,21	0,30	0,48	0,71	9,49	11,14	13,28	14,86
5	0,41	0,55	0,83	1,15	11,07	12,83	15,09	16,75
6	0,68	0,87	1,24	1,64	12,59	14,45	16,81	18,55
7	0,99	1,24	1,69	2,17	14,07	16,01	18,48	20,28
8	1,34	1,65	2,18	2,73	15,51	17,53	20,09	21,95
9	1,73	2,09	2,70	3,33	16,92	19,02	21,67	23,59
10	2,16	2,56	3,25	3,94	18,31	20,48	23,21	25,19
11	2,60	3,05	3,82	4,57	19,68	21,92	24,72	26,76
12	3,07	3,57	4,40	5,23	21,03	23,34	26,22	28,30
13	3,57	4,11	5,01	5,89	22,36	24,74	27,69	29,82
14	4,07	4,66	5,63	6,57	23,68	26,12	29,14	31,32
15	4,60	5,23	6,26	7,26	25,00	27,49	30,58	32,80
16	5,14	5,81	6,91	7,96	26,30	28,85	32,00	34,27
17	5,70	6,41	7,56	8,67	27,59	30,19	33,41	35,72
18	6,26	7,01	8,23	9,39	28,87	31,53	34,81	37,16
19	6,84	7,63	8,91	10,12	30,14	32,85	36,19	38,58
20	7,43	8,26	9,59	10,85	31,41	34,17	37,57	40,00
22	8,64	9,54	10,98	12,34	33,92	36,78	40,29	42,80
24	9,89	10,86	12,40	13,85	36,42	39,36	42,98	45,56
26	11,16	12,20	13,84	15,38	38,89	41,92	45,64	48,29
28	12,46	13,56	15,31	16,93	41,34	44,46	48,28	50,99
30	13,79	14,95	16,79	18,49	43,77	46,98	50,89	53,67
40	20,71	22,16	24,43	26,51	55,76	59,34	63,69	66,77
60	35,53	37,48	40,48	43,19	79,08	83,30	88,38	91,95
80	51,17	53,54	57,15	60,39	101,88	106,63	112,33	116,32
100	67,33	70,06	74,22	77,93	124,34	129,56	135,81	140,17
200	152,24	156,43	162,73	168,28	233,99	241,06	249,45	255,26

B Lösungen der Übungsaufgaben

2.1

Merkmalsträger	Merkmal	Kategorie
Personen	Hochschulstudium? (Ja/Nein)	qualitativ nominal
Personen	Familienstand	qualitativ nominal
Fernsehzuschauer	Gefallen an einer Sendung	qualitativ ordinal
Betriebe	Anzahl Mitarbeiter	quantitativ diskret
Motoren	Leistung	quantitativ stetig
Telefongespräche	Dauer	quantitativ stetig
Klavierstücke	Schwierigkeitsgrad	qualitativ ordinal

2.2 Statistische Masse: Schulabgänger in Bayern 2014/15.

Merkmal	Ausprägungen	Kategorie
Schulart	Mittel-/Hauptschule, Realschule, Gymnasium	qualitativ nominal
Abschluss	ohne, Abschluss der Mittelschule, qualifizierender Abschluss, allgem. Hochschulreife	qualitativ ordinal

Sekundärstatistik, Totalerhebung.

2.3 **Energieverbrauch in Bayern seit 2015 nach Energieträgern**

Energieträger	2015		2016		2017	
	TJ	1 000 t SKE	TJ	1 000 t SKE	TJ	1 000 t SKE

2.4 a)

Klasse von ... bis unter ... kg	absolute Häufigkeit
10–11	3
11–12	7
12–13	7
13–14	7
14–15	5
15–16	1

b)

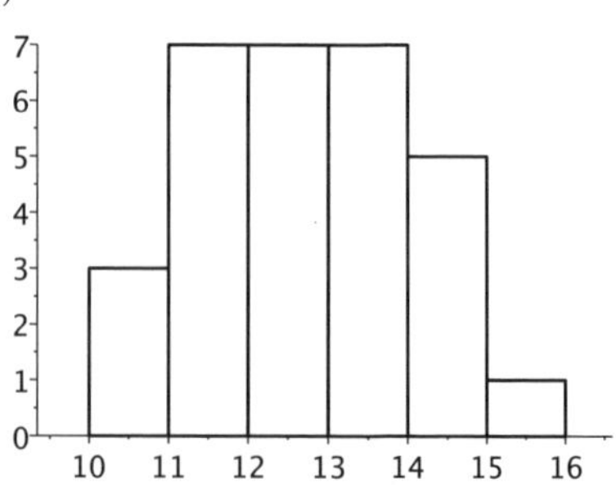

2.5 a)

Anzahl Ausfälle	abs. kum. Häufigkeit
2	9
3	26
4	50
5	68
6	81
7	91
8	97
9	100

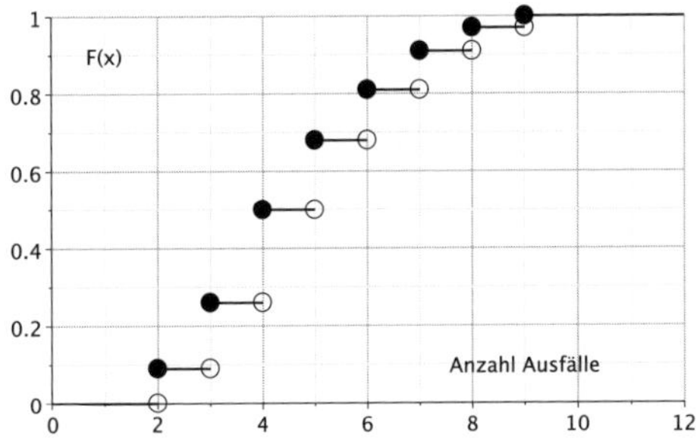

b) 18 %; c) 50 %; d) 32 %.

2.6 a)

Klasse von ... kg bis unter ... kg	rel. kum. Häufigkeit
10–11	0,10
11–12	0,33
12–13	0,57
13–14	0,80
14–15	0,97
15–16	1,00

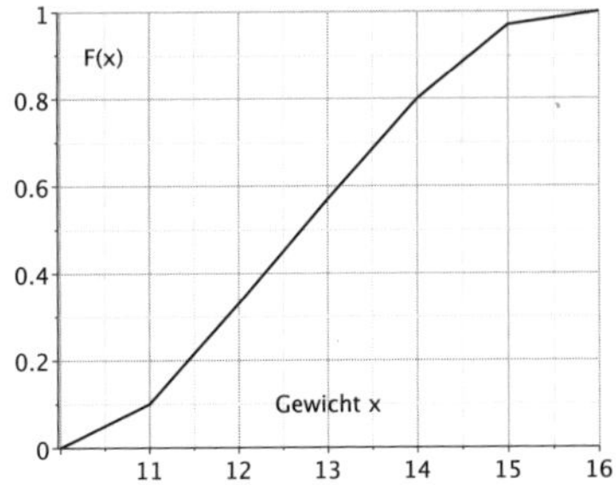

b) exakt: $22/30 \approx 0{,}7333$; aus Grafik: $F(13{,}50) = 0{,}68$;
c) exakt: $8/30 \approx 0{,}2667$; aus Grafik: $F(13{,}50) - F(12{,}50) = 0{,}23$;
d) mit linearer Interpolation: $x_{20\,\%} = 11{,}43\,\text{kg}$, $x_{50\,\%} = 12{,}71\,\text{kg}$.

2.7 $\bar{x} \approx \frac{1}{30}(10{,}5 \cdot 3 + 11{,}5 \cdot 7 + 12{,}5 \cdot 7 + 13{,}5 \cdot 7 + 14{,}5 \cdot 5 + 15{,}5 \cdot 1) = 12{,}733.$

2.8 $f(\lambda) = \sum_{i=1}^{n}(x_i - \lambda)^2 \Rightarrow f'(\lambda) = -2\sum_{i=1}^{n}(x_i - \lambda) = -2\left(\sum_{i=1}^{n} x_i \; - n\lambda\right)$. Damit $f'(\lambda) = 0 \Leftrightarrow \lambda = \frac{1}{n}\sum_{i=1}^{n} x_i = \bar{x}$. Minimum wegen $f''(\lambda) = 2n > 0$.

2.9 $\bar{x} = 22$; $y_1 = 69{,}8$, $y_2 = 77{,}0$, $y_3 = 68{,}0$; $\bar{y} = 71{,}6 = 32 + 1{,}8 \cdot \bar{x}$.

2.10 $\bar{x} = \frac{120}{300} \cdot 23 + \frac{180}{300} \cdot 22 = 22{,}4$.

2.11 Einfallsklasse [12; 13]. $Z = 12 + \frac{15 - 10}{17 - 10} \cdot (13 - 12) = 12{,}714$.

2.12 $Z = 6$

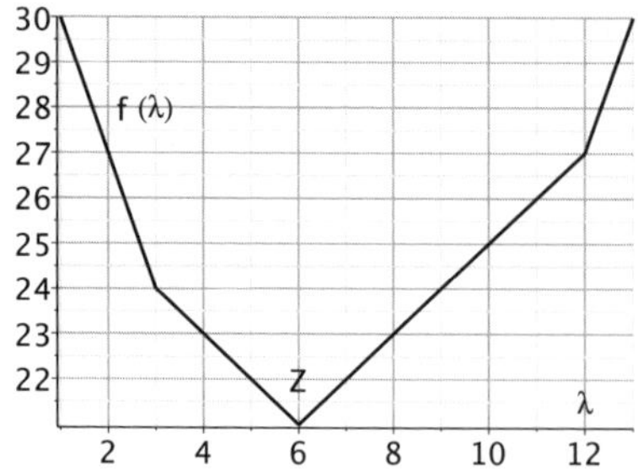

2.13 $\bar{q} = \sqrt[3]{1{,}0117 \cdot 0{,}9886 \cdot 1{,}0677} = 1{,}0221 \Rightarrow \bar{r} = 2{,}21\,\%$.

2.14 Die Klassenmitten m_j, $j = 1, \ldots, 5$, lauten: 0,5; 1,5; 3; 5; 8.
Daraus $\bar{x} \approx \frac{1}{300}\sum_{j=1}^{5} m_j h_j = 4{,}72$. Mit linearer Interpolation nach (2.14) in der Klasse [2; 4] bzw. [6; 10]: $x_{25\,\%} = 2 + \frac{75-52}{138-52}(4-2) = 2{,}53$ und $x_{75\,\%} = 6 + \frac{225-204}{300-204}(10-6) = 6{,}88$, daraus $Q = 6{,}88 - 2{,}53 = 4{,}35$. Mit (2.42): $s^2 \approx 6{,}57$ und $s = \sqrt{s^2} \approx 2{,}56$.

2.15 Die neuen Gehälter seien y_i.
a) $y_i = x_i + 100 \Rightarrow \bar{y} = \bar{x} + 100 = 5\,100$, $s_y = s_x = 1\,000 \Rightarrow V_y = 1\,000/5\,100 = 19{,}61\,\% < V_x = 20\,\%$. Eine absolute Gehaltserhöhung lässt also die Standardabweichung unverändert, verkleinert aber den Variationskoeffizienten, denn s ist relativ zum arithmetischen Mittel kleiner geworden.
b) $y_i = 1{,}02 \cdot x_i \Rightarrow \bar{y} = 1{,}02 \cdot \bar{x} = 5\,100$, $s_y = 1{,}02 \cdot s_x = 1020 \Rightarrow V_y = 1\,020/5\,100 = 20\,\% = V_x$. Eine relative Gehaltserhöhung vergrößert $\bar{x}$ und s, lässt dagegen V konstant.

2.16 Aus den rechten Randhäufigkeiten mit (2.50):
$\bar{x} = (1 \cdot 15 + 2 \cdot 21 + \ldots + 5 \cdot 26)/120 = 3{,}2917$ und aus (2.52):
$s_x^2 = \left[(1 - 3{,}2917)^2 \cdot 15 + \ldots + (5 - 3{,}2917)^2 \cdot 26\right]/119 = 1{,}7546$ und $s_x = \sqrt{s_x^2} = 1{,}3246$. Analog aus den unteren Randhäufigkeiten mit (2.51) und (2.53): $\bar{y} = 3{,}025$, $s_y^2 = 1{,}7725$ und $s_y = 1{,}3313$. Aus (2.56): $s_{xy} = 1{,}4548$. Wie zu erwarten, sind die Leistungen in Physik und Mathematik positiv korreliert.

2.17 $\bar{x} = 0$, $\bar{y} = 2$, $s_{xy} = \frac{1}{4}\sum_{i=1}^{5}(x_i - 0)(y_i - 2) = 0$.

2.18 $\bar{x} = 6{,}5438$, $\bar{y} = 269{,}6250$, $s_x = 1{,}6820$, $s_y = 41{,}2066$, $s_{xy} = -31{,}1398$, $r_{xy} = -0{,}4493$. Grund für die negative Korrelation sind hier wohl die durch die Jahreszeiten bedingten Schwankungen: Im Sommer gibt es weniger Arbeitslose, dafür mehr Touristen und damit Übernachtungen. Im Winter ist es genau umgekehrt. Es gibt aber keinen direkten kausalen Zusammenhang zwischen Gästeübernachtungen und Arbeitslosenzahlen.

2.19 Fehlerquadratsumme $S(b) = \sum(y_i - bx_i)^2$. Ableitung $S'(b) = 0 \Leftrightarrow b = \frac{\sum x_i y_i}{\sum x_i^2} = 0{,}0476 = \hat{b}$. Daraus $\alpha = 0{,}0476/2000 = 23{,}8 \cdot 10^{-6}\,\mathrm{K}^{-1}$.

2.20

h_i/km	0	1	2	3	4	5
p_i/hPa	1 013	899	795	701	616	540
$\ln p_i$	6,9207	6,8013	6,6783	6,5525	6,4232	6,2916

Daraus lineare Regressionsbeziehung von h zu $\ln p$: $\ln p = 6{,}9260 - 0{,}1259h$, also $\ln\hat{a} = 6{,}9260$ nach (2.80) oder $\hat{a} = \mathrm{e}^{6{,}9260} = 1018{,}4$. Empirisch gewonnene Höhenformel: $\hat{p} = 1018{,}4 \cdot \mathrm{e}^{-0{,}1259h}$. Vergleich:

h_i/km	0	1	2	3	4	5
p_i/hPa	1 013,0	899,0	795,0	701,0	616,0	540,0
$\hat{p}_i$/hPa	1 018,4	898,0	791,8	698,1	615,5	542,8

Luftdruck in 6 km Höhe $\approx 1\,018{,}4 \cdot \mathrm{e}^{-0{,}1259\cdot 6} = 478{,}5$ hPa; nur noch 200 hPa in Höhe 12,9 km.

3.1 a) 35; b) 1 140; c) 1 140; d) 75 287 520.

3.2 $(x+1)^5 = x^5 + 5x^4 + 10x^3 + 10x^2 + 5x + 1$.

3.3 $A = \{\{1,3,4\}, \{1,3,5\}, \{1,4,5\}, \{2,3,4\}, \{2,3,5\}, \{2,4,5\}\}$,
$B = \{\{1,3,4\}, \{1,3,5\}, \{1,4,5\}, \{2,3,4\}, \{2,3,5\}, \{2,4,5\}, \{3,4,5\}\}$,
$C = \{\{1,2,3\}, \{1,2,4\}, \{1,2,5\}\}$.

3.4 a) $\Omega = \{$„Adler“, „Zahl“$\}$; b) $\Omega = \{t | t \geq 0\}$; c) $\Omega = \{t | 0 \leq t \leq t_{\max}\}$, d) $\Omega = \mathbb{N}$; e) $\Omega = \{1, 2, 3, \ldots, 32\}$.

3.5 $\Omega = \{BB, BR, BS, RR, RS\}$.

3.6 a) $T < 5$; b) $T \neq 5$; c) $(T \leq 2) \vee (T > 5)$; d) $2 < T \leq 5$.

3.7 Es bezeichne A „Adler“, Z „Zahl“.
$\Omega = \{A, Z\} \times \{A, Z\} \times \{A, Z\} \times \{A, Z\} =$
$\{AAAA, AAAZ, AAZA, AAZZ, \ldots, ZZZZ\}$, $|\Omega| = 2^4 = 16$.

3.8 a) $A \cup B = \{1, 2, \ldots, 9\}$; b) $A \cap B = \{4, 5\}$; c) $A \setminus B = \{6, 7, 8, 9\}$; d) $\overline{B \cap C} = \overline{\{2, 4\}} = \{1, 3, 5, 6, 7, 8, 9\}$; e) $\overline{B} \cup \overline{C} = \{6, 7, 8, 9\} \cup \{1, 3, 5, 7, 9\} = \{1, 3, 5, 6, 7, 8, 9\}$ (wie d) wegen De Morgan); f) $A \cup (B \cap C) = \{4, 5, 6, 7, 8, 9\} \cup \{2, 4\} = \{2, 4, 5, 6, 7, 8, 9\}$; g) $(A \cup B) \cap (A \cup C) = \{1, 2, \ldots, 9\} \cap \{2, 4, 5, 6, 7, 8, 9\} = \{2, 4, 5, 6, 7, 8, 9\}$ (wie f) wegen Distributivgesetz).

3.9 $\Omega = \{(i, j) \mid i, j \in \mathbb{N},\ 1 \leq i, j \leq 6\} =$ $\{(1,1), (1,2), \ldots, (1,6), (2,1), \ldots, (6,6)\}$.

3.10 a) $\Omega = \{AAA, AAZ, AZA, AZZ, ZAA, ZAZ, ZZA, ZZZ\}$;

b) $|\Omega| = 8 \Rightarrow$ es gibt $2^8 = 256$ Ereignisse.

c) $P(A) = 3/8$, $P(B) = 1 - P(\overline{B}) = 1 - P(\text{keinmal Zahl}) = 1 - 1/8 = 7/8$; $P(C) = 1/8$.

3.11 a) Paarweise disjunkt: A und C, B und C, C und D.

b) Beispielsberechnung: $A = \{(1,1), (2,2), (3,3), (4,4), (5,5), (6,6)\}$. Wegen $|\Omega| = 36$ folgt mit Laplace: $P(A) = |A|/|\Omega| = 6/36$. Analog $P(B) = 6/36$, $P(C) = 6/36$ und $P(D) = 18/36$. $A \cap B = \{(5,5), (6,6)\} \Rightarrow P(A \cap B) = 2/36$, $P(A \cup B) = P(A) + P(B) - P(A \cap B) = 6/36 + 6/36 - 2/36 = 10/36$; wegen $A \cap C = \emptyset$ ist $P(A \cap C) = 0$ und $P(A \cup C) = P(A) + P(C) = 12/36$.

3.12 a) $p^3 = 0{,}2^3 = 0{,}008$;

b) $p^2 \cdot (1 - p) + p \cdot (1 - p) \cdot p + (1 - p) \cdot p^2 = 3 \cdot p^2 \cdot (1 - p) = 0{,}096$;

c) P(„mindestens zwei Treffer“) $= P$(„genau zwei Treffer“)+

$+P$(„genau drei Treffer“) $= 0{,}096 + 0{,}008 = 0{,}104$;

d) P(„mindestens ein Treffer bei n Versuchen“) $=$

$1 - P$(„kein Treffer bei n Versuchen“) $= 1 - 0{,}8^n > 0{,}95 \Leftrightarrow$

$0{,}8^n < 0{,}05 \Leftrightarrow n > \ln 0{,}05 / \ln 0{,}8 = 13{,}43$, also $n \geq 14$.

3.13 a) $p_0 = P(\overline{A}\,\overline{B}\,\overline{C}) = P(\overline{A}) \cdot P(\overline{B}) \cdot P(\overline{C}) = 0{,}05 \cdot 0{,}02 \cdot 0{,}08 = 0{,}00008$;

$p_1 = P(A\overline{B}\,\overline{C} \cup \overline{A}B\overline{C} \cup \overline{A}\,\overline{B}C) = 0{,}00636$;

$p_2 = P(AB\overline{C} \cup A\overline{B}C \cup \overline{A}BC) = 0{,}13704$;

$p_3 = P(ABC) = 0{,}85652$. Probe: $p_0 + p_1 + p_2 + p_3 = 1{,}00000$.

b) $p = P$(„zwei oder drei Stationen funktionieren“) $= p_2 + p_3 = 0{,}99356$.

3.14 a) Der linke Zweig bedeutet immer: weiß (W) wurde gezogen; der rechte: schwarz (S). An den Verzweigungspunkten stehen von oben nach unten die Situationen in den Urnen 1, 2 und 3. Die unterste Ebene gibt die aus Urne 3 gezogene Kugel (Endergebnis) an:

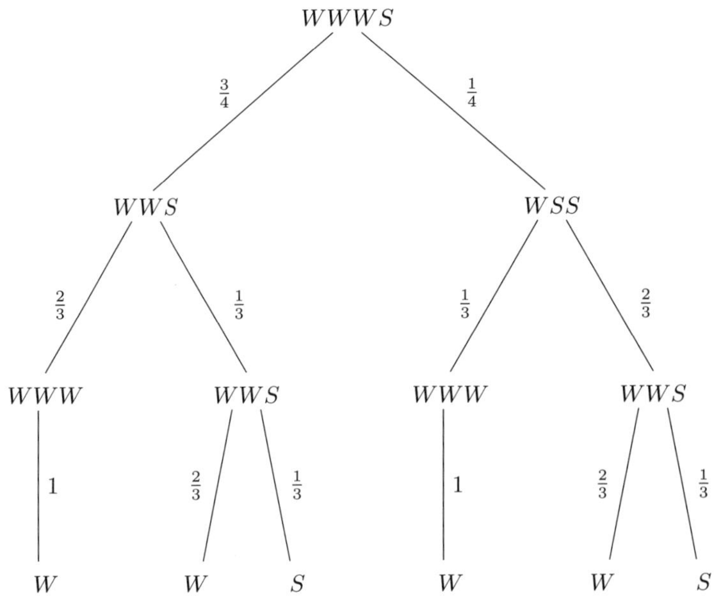

b) Aus a) folgt: $P(3.\text{ Zug schwarz}) = \frac{3}{4} \cdot \frac{1}{3} \cdot \frac{1}{3} + \frac{1}{4} \cdot \frac{2}{3} \cdot \frac{1}{3} = \frac{5}{36}$.

3.15 $P(D) = 0{,}01$, $P(\overline{D}) = 0{,}99$, $P(T_+|D) = 0{,}98$, $P(T_+|\overline{D}) = 0{,}05$. Daraus und mit dem Satz von Bayes folgt

$$P(D|T_+) = \frac{P(D) \cdot P(T_+|D)}{P(D) \cdot P(T_+|D) + P(\overline{D}) \cdot P(T_+|\overline{D})} = 0{,}1653.$$

Das bedeutet aber, dass bei ca. 83 % aller Defektanzeigen überhaupt kein Defekt vorliegt!

3.16 $P(X < 2) = P(X = 0) + P(X = 1) = 3/8$,
$P(X \leq 2) = P(X < 2) + P(X = 2) = 7/8$,
$P(X > 2) = 1 - P(X \leq 2) = 1/8$.

3.17 Beispielsberechnung: Augensumme 5 hat folgende vier Möglichkeiten, mit zwei Würfeln erzielt zu werden: (1, 4), (2, 3), (3, 2), (4, 1). Jedes Paar hat die Wahrscheinlichkeit 1/36, also $P(X = 5) = 4/36$.

Verteilung von X:

k	2	3	4	5	6	7	8	9	10	11	12	Σ
$P(X = k)$	$\frac{1}{36}$	$\frac{2}{36}$	$\frac{3}{36}$	$\frac{4}{36}$	$\frac{5}{36}$	$\frac{6}{36}$	$\frac{5}{36}$	$\frac{4}{36}$	$\frac{3}{36}$	$\frac{2}{36}$	$\frac{1}{36}$	$\frac{36}{36}$

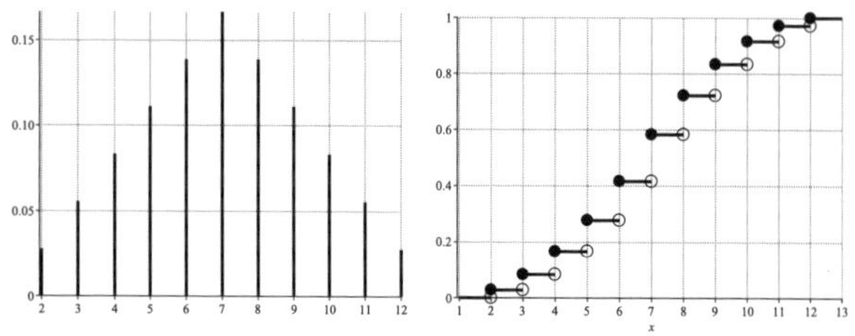

3.18 $\int_{-5}^{5} 0{,}006(25 - x^2)\mathrm{d}x = 2 \cdot 0{,}006 \cdot [25x - x^3/3]_0^5 = 1.$

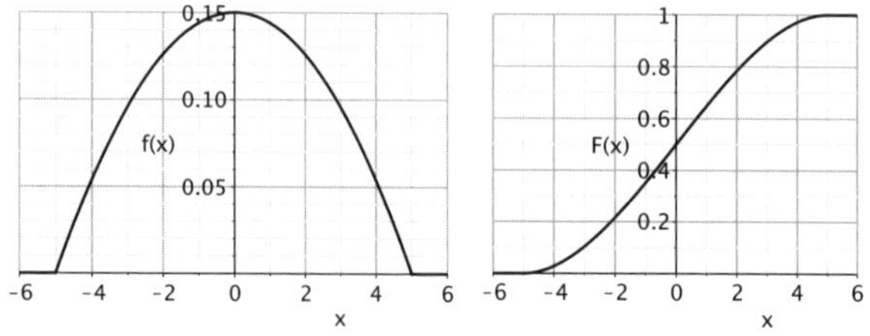

Bestimmung von c:
$0{,}95 = P(500 - c < 500 + X < 500 + c) = P(-c < X < c) = \int_{-c}^{c} f(x)\mathrm{d}x = 2 \cdot \int_0^c 0{,}006(25 - x^2)\mathrm{d}x = 0{,}012(25c - c^3/3)$. Durch Probieren oder mit numerischem Verfahren (z. B. Newton-Verfahren) unter der Nebenbedingung $0 < c < 5$: $c = 4{,}057$.

3.19 Bestimmung von k: $1 = \int_0^4 kx\mathrm{d}x = k \cdot 8 \Rightarrow k = 1/8$.
Verteilungsfunktion $F(x) = P(X \leq x) = \int_0^x f(u)\mathrm{d}u = x^2/16$ für $0 \leq x \leq 4$.
Bestimmung von a: $0{,}1 = F(a) = a^2/16 \Rightarrow a = 1{,}2649$.
Bestimmung von b: $0{,}05 = 1 - F(b) \Rightarrow 0{,}95 = F(b) = b^2/16 \Rightarrow b = 3{,}8987$.

3.20 $P(T \leq 1\,000) = F(1\,000) = 0{,}1131$, $P(T > 10\,000) = 1 - F(10\,000) = 0{,}3012$, $t_{1/2} = \ln 2/0{,}00012 = 5\,776$, Halbwertszeit beträgt 5 776 Jahre.

3.21 Bestimmung von k: $1 = \int_{1,9}^{2,1} k(x - 1{,}9)(2{,}1 - x)\mathrm{d}x = k/750 \Rightarrow k = 750$. Aus der Symmetrie der Dichte zu $x = 2$ folgt: $P(\text{unbrauchbar}) = P((X < 1{,}92) \cup (X > 2{,}08)) = P(X < 1{,}92) + P(X > 2{,}08) = 2 \cdot P(X < 1{,}92) = 2\int_{1,9}^{1,92} 750(x - 1{,}9)(2{,}1 - x)\mathrm{d}x = 0{,}056$. Also sind auf lange Sicht 5,6 % unbrauchbare Stahlstifte zu erwarten.

3.22 $E[X] = 1{,}8$, $\mathrm{Var}(X) = 0{,}36$.

3.23 $Z = \dfrac{X - 1{,}8}{0{,}6}$, Verteilung von Z:

z_i	$-4/3$	$1/3$	2
$P(Z = z_i)$	0,3	0,6	0,1

3.24 $F(x) = \int_0^x f(t)\mathrm{d}t = 1 - \mathrm{e}^{-\lambda x}$.

$E[X] = \int_0^\infty x\lambda \mathrm{e}^{-\lambda x}\mathrm{d}x = \lambda \cdot \left[\frac{-\lambda x - 1}{\lambda^2}\mathrm{e}^{-\lambda x}\right]_0^\infty = \frac{1}{\lambda}.$

$\mathrm{Var}(X) = E[X^2] - E[X]^2 = \int_0^\infty x^2\lambda \mathrm{e}^{-\lambda x}\mathrm{d}x - \frac{1}{\lambda^2} = \frac{2}{\lambda^2} - \frac{1}{\lambda^2} = \frac{1}{\lambda^2}.$

3.25 $E[\overline{X}] = E\left[\frac{1}{n}(X_1 + \ldots + X_n\right] \stackrel{(3.45)}{=} \frac{1}{n}E[X_1 + \ldots + X_n]$

$\stackrel{(3.42)}{=} \frac{1}{n}(\mu + \ldots + \mu) = \mu.$

$\mathrm{Var}(\overline{X}) = \mathrm{Var}\left(\frac{1}{n}(X_1 + \ldots + X_n)\right) \stackrel{(3.50)}{=} \frac{1}{n^2}\mathrm{Var}(X_1 + \ldots + X_n)$

$\stackrel{(3.49)}{=} \frac{1}{n^2}(\sigma^2 + \ldots + \sigma^2) = \frac{\sigma^2}{n}.$

Die Unabhängigkeit der X_i wird für Satz (3.49) gebraucht.

3.26 Dreieckfläche$=(2a) \cdot h/2 = 1$ für $h = 1/a$. Ohne die Varianz zu verändern, kann man die Dichte um k nach links verschieben, sodass sie symmetrisch zu $x = 0$ liegt (siehe Bild 3.7). Die Gleichung der rechten fallenden Flanke lautet dann $y = 1/a - x/a^2$.

$\mathrm{Var}(X) = E[X^2] - 0^2 = 2\int_0^a x^2(1/a - x/a^2)\mathrm{d}x = a^2/6$, Standardabweichung von X: $a/\sqrt{6} = 0{,}4082a$.

3.27 $\frac{\binom{1}{1} \cdot \binom{48}{5}}{\binom{49}{6}} = \frac{48!}{5! \cdot 43!} / \frac{49!}{6! \cdot 43!} = \frac{6}{49} = 0{,}1224$ (hypergeometrische Verteilung).

3.28 $X \sim \mathrm{Bi}(n = 5; p = 0{,}4)$, $Y \sim \mathrm{H}(N = 10; M = 4; n = 5)$. Wahrscheinlichkeitsverteilungen:

k	0	1	2	3	4	5
$P(X = k)$	0,0778	0,2592	0,3456	0,2304	0,0768	0,0102
$P(Y = k)$	0,0238	0,2381	0,4762	0,2381	0,0238	0

$E[X] = 2{,}0$, $\mathrm{Var}(X) = 1{,}2$ nach (3.57),
$E[Y] = 2{,}0$, $\mathrm{Var}(Y) = 2/3 = 0{,}6667$ nach (3.64).

3.29 $X \sim \mathrm{Bi}(12; 0{,}08)$, $Y \sim \mathrm{Po}(0{,}96)$. Wahrscheinlichkeitsverteilungen:

k	0	1	2	3	4	5	≥ 6
$P(X = k)$	0,368	0,384	0,183	0,053	0,010	0,001	$< 10^{-3}$
$P(Y = k)$	0,383	0,368	0,176	0,056	0,014	0,003	$< 10^{-3}$

3.30 Zeiteinheit: Minute. Ein Jahr hat $T = 60 \cdot 24 \cdot 365 = 525\,600$ Minuten. In dieser Zeit wurden $N_T = 124\,000$ Geburten registriert, daher $\varrho = N_T/T = 0{,}236$. Für N_5 gilt dann $N_5 \sim \mathrm{Po}(5\varrho) = \mathrm{Po}(1{,}18)$, daher $P(N_5 \geq 2) = 1 - P(N_5 \leq 1) = 1 - P(N_5 = 0) - P(N_5 = 1) = 0{,}33$.

3.31 X:=„Anzahl defekte unter 100 produzierten Artikeln".
$X \sim \text{Bi}(n = 100; p = 0{,}01)$. $P(X > 2) = 1 - P(X \le 2) = 0{,}0794$. Mit Poissonverteilung und $\lambda = np = 1{,}0$: $P(X > 2) \approx 0{,}0803$.

3.32 Sei X:=„Anzahl defekte unter 50 Artikeln in einer Kiste".
$X \sim \text{H}(N = 50; M; n = 5)$, wobei M die Anzahl der defekten Artikel in der Kiste ist. Sei $p_M := P(\text{Annahme} \mid M \text{ defekte in der Kiste})$. Dann ist $p_0 = 1$, $p_3 = P(X = 0) + P(X = 1) = 0{,}9765$, $p_{10} = 0{,}7419$ und $p_{50} = 0$.

3.33 a) $P(X < 97) = \Phi(-1{,}5) = 1 - 0{,}9330 = 0{,}067 = 6{,}7\,\%$,
$P(X > 101) = 1 - \Phi(0{,}5) = 0{,}3086 = 30{,}86\,\%$,
$P(X < 98{,}5 \vee X > 101{,}5) = \Phi(-0{,}75) + (1 - \Phi(0{,}75)) = 2(1 - \Phi(0{,}75)) = 0{,}4532 = 45{,}32\,\%$.

b) $0{,}93 = P(100 - c \le X \le 100 + c) = 2\Phi(c/2) - 1$, daher $\Phi(c/2) = 0{,}965$ und $c/2 = 1{,}812$, $c = 3{,}624$.

c) $p := P(X < 96) = \Phi(-2) = 0{,}0228$, daher $N \sim \text{Bi}(n; p)$ mit $n = 200$ und $p = 0{,}0228$. $E[N] = np = 4{,}56$, $\text{Var}(N) = np(1 - p) = 4{,}456$.

3.34 $X_i \sim \text{N}(1\,000; 15^2)$ für $i = 1, \ldots, 9$. Gesamtmasse $G = \sum_{i=1}^{9} X_i + 200$ hat Erwartungswert 9200 g und Varianz $9 \cdot 15^2 = 2\,025 = 45^2$, laut Additionssatz und Linearitätssatz ist G wieder normalverteilt mit $G \sim \text{N}(9\,200; 45^2)$. Daher $P(G < 9\,100) = \Phi(-2{,}222) = 0{,}0131$ und $P(9\,155 < X < 9\,245) = 0{,}6826$ ($1\,\sigma$-Intervall).

3.35 $\mu = 70\,\text{mm}$, $\sigma = 2\,\text{mm}$.

3.36 a) $n = 100$, $p = 0{,}2$, also $np(1-p) = 16 > 9$, die Faustregel ist erfüllt. Es folgt $P(X \le 20) \approx \Phi(0{,}125) = 0{,}5497$, $P(10 \le X \le 30) \approx 2\Phi(2{,}625) - 1 = 0{,}9913$ und $P(X > 25) = 1 - P(X \le 25) \approx 1 - \Phi(1{,}375) = 0{,}0846$.

b) Ansatz: $0{,}95 = P(20 - c \le X \le 20 + c) \approx \Phi(\frac{c+0{,}5}{4}) - \Phi(\frac{-c-0{,}5}{4}) = 2\Phi(\frac{c+0{,}5}{4}) - 1$. Daraus $c = 7{,}34$. Da X nur ganzzahlige Werte annehmen kann, wähle man $c = 8$, das Intervall lautet $[12; 28]$.

4.1 $\bar{x} = 3{,}17\,\text{mm}$, $s = 0{,}014\,\text{mm}$, $s_{\bar{x}} = 0{,}006\,\text{mm}$.

4.2 Dichte von T_i: $f(t) = 1/b$ für $0 < t < b$, 0 sonst. Verteilungsfunktion von T_i: $P(T_i \le t) = \int_0^t f(\tau)\mathrm{d}\tau = t/b$ für $0 < t < b$. Verteilungsfunktion von $\hat{b}$: $P(\hat{b} \le t) = (t/b)^n = G(t)$. Dichte von $\hat{b}$: $g(t) = G'(t) = nt^{n-1}/b^n$. Erwartungswert von $\hat{b}$: $E[\hat{b}] = \int_0^b t \cdot g(t)\mathrm{d}t = b \cdot n/(n+1) < b$. $\hat{b}$ schätzt also systematisch zu klein. Modifikation: $\hat{b}^* := \frac{n+1}{n}\hat{b}$ ist erwartungstreue Schätzfunktion für b.

4.3 Es sei X die Abweichung des Messwertes vom wahren Wert k.

a) Dichte von X: $f(x) = 1/(2a)$ für $-a < x < +a$ mit noch zu bestimmendem $a > 0$, 0 sonst. Bestimmung von a: $0{,}5 = \int_{-0{,}005}^{0{,}005} f(x)\mathrm{d}x = 0{,}005/a$, somit $a = 0{,}01$. Aus Beispiel 3.32: Standardabweichung von X gleich $a/\sqrt{3}\,\text{mm} = 0{,}005774\,\text{mm}$.

b) $X \sim \mathrm{N}(0; \sigma^2)$ mit noch zu bestimmendem $\sigma > 0$. Bestimmung von σ: $0{,}5 = P(-0{,}005 < X < +0{,}005) = 2\Phi(0{,}005/\sigma) - 1$, somit $0{,}005/\sigma = 0{,}674$ aus Tabelle A.1 und $\sigma = 0{,}007\,418\,\mathrm{mm}$.

4.4 $1 - \alpha = 0{,}95$, $c = 1{,}96$, $\bar{x} = 199\,\mathrm{N}$, $k = 1{,}96 \cdot 2{,}1/\sqrt{5} = 1{,}84$.

Konfidenzintervall für μ: $[197{,}16\,\mathrm{N}; 200{,}84\,\mathrm{N}]$ nach (4.22). Dies widerspricht nicht den Herstellerangaben, da das Konfidenzintervall den Sollwert 200 enthält. Notwendiger Stichprobenumfang für $L = 1$: $n \geq (2 \cdot 1{,}96 \cdot 2{,}1/1)^2 = 67{,}7$, also $n = 68$.

4.5 $c = 1{,}984$ (t-Verteilung mit 99 Freiheitsgraden), $s = 0{,}9\,\mathrm{h}$, $k = 1{,}984 \cdot 0{,}9/\sqrt{100} = 0{,}1786$.

Konfidenzintervall für μ: $[1{,}22\,\mathrm{h}; 1{,}58\,\mathrm{h}]$ nach (4.25).

4.6 $c = 1{,}96$, $k = 0{,}02624$.

Konfidenzintervall für $p_1 - p_2$: $[0{,}014; 0{,}066]$ nach (4.28). Es enthält nicht den Wert 0. Man kann also mit einer hohen Sicherheitswahrscheinlichkeit von 95 % ausschließen, dass beide Händler die gleiche Qualität anbieten. Vielmehr ist die Ausschusswahrscheinlichkeit p_1 tatsächlich größer als p_2.

4.7 a) $\bar{x} = 128{,}2\,\mathrm{mmHg}$, $s^2 = 116{,}84\,\mathrm{mmHg}^2$, $c = 1{,}833$ (t-Verteilung mit neun Freiheitsgraden), $k = 6{,}266$.

Konfidenzintervall für μ: $[121{,}93\,\mathrm{mmHg}; 134{,}47\,\mathrm{mmHg}]$ nach (4.25).

b) $k = 1\,051{,}6$, $c_1 = 3{,}33$, $c_2 = 16{,}92$ (χ^2-Vertlg. mit neun Freiheitsgraden).

Konfidenzintervall für σ: $[7{,}88\,\mathrm{mmHg}; 17{,}77\,\mathrm{mmHg}]$ nach (4.35).

4.8 a) $c = 1{,}653$ (t-Verteilung mit 200 Freiheitsgraden), $k = 1{,}26$.

Konfidenzintervall für μ: $[126{,}94\,\mathrm{mmHg}; 129{,}46\,\mathrm{mmHg}]$ nach (4.25).

b) $k = 23\,368$, $c_1 = 168{,}28$, $c_2 = 233{,}99$ (χ^2-Vert. mit 200 Freiheitsgraden).

Konfidenzintervall für σ: $[9{,}99\,\mathrm{mmHg}; 11{,}78\,\mathrm{mmHg}]$ nach (4.35).

Der größere Stichprobenumfang erhöht die Genauigkeit der Schätzung.

4.9 $\bar{x} = 3\,\mathrm{kg}$, $\bar{y} = 58{,}8\,\mathrm{mm}$, $s_x^2 = 2{,}5\,\mathrm{kg}^2$, $s_y^2 = 950{,}7\,\mathrm{mm}^2$, $s_{xy} = 48{,}75\,\mathrm{kg} \cdot \mathrm{mm}$, $r = 0{,}99996$, $\hat{b} = 19{,}5\,\mathrm{mm/kg}$, $s_{\hat{b}} = 0{,}1007\,\mathrm{mm/kg}$, $c = 5{,}841$ (t-Verteilung mit $n - 2 = 3$ Freiheitsgraden), $k = 0{,}5847$.

Konfidenzintervall für b: $[18{,}92\,\mathrm{mm/kg}; 20{,}08\,\mathrm{mm/kg}]$ nach (4.31).

4.10 H_0 ablehnen $\Leftrightarrow$ $T \leq 7$, $g(p) = P(T \leq 7|p) \approx \Phi\left(\dfrac{7{,}5 - 100p}{\sqrt{100p(1-p)}}\right)$.

4.11 $H_0 : p \leq 0{,}02$ gegen $H_1 : p > 0{,}02$. H_0 ablehnen, falls $T > c$, $T :=$ „Anzahl defekter Stücke in Stichprobe". c so, dass $P(T > c|H_0) = 0{,}05$, Näherung mit Normalverteilung: $1 - \Phi\left(\dfrac{c - 5\,000 \cdot 0{,}02 + 1/2}{\sqrt{5\,000 \cdot 0{,}02 \cdot 0{,}98}}\right) = 0{,}05$, daraus $c = 115{,}78$.

Entscheidungsregel: H_0 ablehnen, falls $T \geq 116$. Ergebnis der Stichprobe war $t = 120 > 116$, daher kann H_0 zum Niveau 0,05 abgelehnt werden. Zum Niveau 0,01 lautet die Vorschrift: H_0 ablehnen, falls $T \geq 123$, daher kann H_0 zum Niveau 0,01 **nicht** abgelehnt werden.

4.12 $\bar{x} = 21{,}5$, $\bar{y} = 22{,}3$, $s_x^2 = 4{,}28$, $s_y^2 = 5{,}57$. Aus (4.41) $t = -0{,}81$. H_0 kann abgelehnt werden zum 5 %-Niveau, falls $t < c$ mit $F_{18}(c) = 0{,}05$ (t-Verteilung mit $10 + 10 - 2 = 18$ Freiheitsgraden), also $c = -1{,}734$. Entscheidung: Da $t = -0{,}81 > c$, kann H_0 nicht abgelehnt werden zum 5 %-Niveau, das Stichprobenergebnis spricht nicht für eine Verbesserung der Milchleistung! Dies ist kein Widerspruch zu Beispiel 4.19, da wir dort H_0 zwar abgelehnt haben, hier aber nicht etwa angenommen haben, sondern nur „Stimmenthaltung" üben. Die Information, dass fast alle Kühe sich verbessert haben, ist verlorengegangen. Man kennt nur noch die beiden Stichprobenmittel $\bar{x}$ und $\bar{y}$, die sich nicht signifikant unterscheiden. Ihre Unterschiede werden beim unverbundenen Test vorsichtshalber einer natürlichen Streuung der Milchleistung zugerechnet und nicht etwa dem Futtermittelzusatz.

4.13 $t = 13{,}25$. a) $t > c = 11{,}07$, daher H_0 ablehnen zum 5 %-Niveau.
b) $t < c = 15{,}09$, H_0 kann daher zum 1 %-Niveau nicht abgelehnt werden.

4.14 Beobachtete Besetzungszahlen: 530, 470. Erwartete Besetzungszahlen bei fairer Münze: 500, 500. $t = 3{,}6 < c = 3{,}84$ (95 %-Quantil der χ^2-Verteilung mit einem Freiheitsgrad), also H_0 nicht ablehnen, Münze könnte fair sein.

4.15 $\hat{\mu} = 12{,}75$, $\hat{\sigma} = 1{,}23$. Die hypothetischen Wahrscheinlichkeiten in der folgenden Tabelle wurden mit der Formel

$$p_j = F(b_j) - F(a_j) = \Phi\left(\frac{b_j - \hat{\mu}}{\hat{\sigma}}\right) - \Phi\left(\frac{a_j - \hat{\mu}}{\hat{\sigma}}\right)$$

berechnet, wobei a_j und b_j die Grenzen der j-ten Klasse sind.

K_j	h_j	p_j	$e_j = 30p_j$	$\frac{(h_j - e_j)^2}{e_j}$
$-\infty \ldots 12$	10	0,2710	8,130	0,4299
$12 \ldots 13$	7	0,3095	9,286	0,5626
$13 \ldots 14$	7	0,2647	7,941	0,1116
$14 \ldots \infty$	6	0,1548	4,643	0,3969
Σ	30	1,0000	30	$1{,}5010 = t$

$m = 4$ Klassen, $r = 2$ Parameter wurden aus der Stichprobe geschätzt, daher zur Bestimmung von c die χ^2-Verteilung mit $m - r - 1 = 1$ Freiheitsgrad verwenden: $c = 3{,}84$. Ergebnis: $t < c$, daher kann H_0 nicht abgelehnt werden zum 5 %-Niveau. Die Stichprobe ist vereinbar mit der Annahme, die Gewichte aller Tiere in der Grundgesamtheit seien normalverteilt.

Literaturverzeichnis

[1] *Basler, H.*: Grundbegriffe der Wahrscheinlichkeitsrechnung und Statistischen Methodenlehre.— Physica Verlag, Heidelberg 2013

[2] *Bosch, K.*: Elementare Einführung in die Wahrscheinlichkeitsrechnung.— Vieweg Verlag, Wiesbaden 2011

[3] *Ferschl, F.*: Deskriptive Statistik.— Physica-Verlag, Heidelberg 1991

[4] *Krämer, W.*: So lügt man mit Statistik.— Campus Verlag GmbH, Frankfurt am Main 2015

[5] *Kreyszig, E.*: Advanced Engineering Mathematics.— John Wiley & Sons, New York 2010

[6] *Kuchling, H.*: Taschenbuch der Physik.— Fachbuchverlag Leipzig im Carl Hanser Verlag, München 2014

[7] *Popper, K.*: Logik der Forschung.— Akademie Verlag, Berlin 2007

[8] *Storm, R.*: Wahrscheinlichkeitsrechnung, mathematische Statistik und statistische Qualitätskontrolle.— Fachbuchverlag Leipzig im Carl Hanser Verlag, München 2007

[9] *DIN* (Hrsg.): DIN 55 301 Gestaltung statistischer Tabellen.— Beuth Verlag GmbH, Berlin, Köln 1978

[10] *DIN* (Hrsg.): Leitfaden zur Angabe der Unsicherheit beim Messen.— Beuth Verlag GmbH, Berlin, Wien, Zürich 1995

[11] www.lotto-bayern.de, LOTTO 6aus49, Statistik. Abgerufen am 17.1.2018

[12] www.agf.de/forschung/methode/fernsehpanel. Abgerufen am 13.1.2018

[13] Statistisches Jahrbuch für Bayern 2012.— Bayerisches Landesamt für Statistik und Datenverarbeitung, München 2012

[14] Statistisches Jahrbuch für Bayern 2016.— Bayerisches Landesamt für Statistik, Fürth 2016

[15] Statistische Berichte G IV 1 m 9/2011.— Bayerisches Landesamt für Statistik und Datenverarbeitung, München 2011

Sachwortverzeichnis